Light and Shadow of Bioscience

バイオサイエンスの光と影

生命を囲い込む組織行動

森岡一 ［著］

三和書籍

はじめに

ライフサイエンスは生命を研究対象とする科学である。とりわけ人間の体を対象とする医学研究は、その社会的あるいは経済的な重要性から広く深く研究が進展してきた。生命そのものは自然に存在するものであり、生命の研究において新しい発見があっても、特許性の観点から発明と認められなかった。研究者の規範においても、ライフサイエンスで特許を取得するというのはあまり重要視しておらず、むしろ学術論文としての発表によってプライオリティをとることが重視された。

しかし、一九六〇年代からいわゆるバイオテクノロジーと呼ばれる技術が発達し、バイオベンチャーが勃興するにつれて、バイオサイエンス関連の技術の経済的価値が高まり、プラットフォーム技術として特許化を目指す動きが活発になった。さらに、一九七〇年代後半から病気の治療に有効とされる生体内因子が発見され、それらを大量生産する技術が発展するにつれて、バイオサイエンス技術の価値がますます増大し、多くのバイオサイエンス関連特許がとられることになる。

このような歴史の中で、バイオサイエンス関連特許がどのような経済的背景と特許性判断のもとに成立してきたのかを解析することは重要である。自然界からの発見が発明へと特許性判断が変更されるにはどのような経済的背景と議論があったのか。これらの分析を通し、特許制度における共有物の私有化の過程を明らかにすれば、今後の特許制度、特に公益と私益の間のバランスのあり方を考える上で参考になる。

本書では、バイオサイエンス分野における知的財産の取り扱いについて生命と権利の観点から論じた。論理的展開は控え、実際に起こった問題に対して示された解決策を分析し、その背景となる論理を中心にした。したがって多くの裁判例を取りあげており、裁判でどのような論理から判断したのかを多く示している。更にそれらの裁判所の判断が実際のバイオサイエンス研究にどのような影響を及ぼし、最終的にはイノベーションの方向性をどのように変えてきたかを論じた。

バイオサイエンスの光と影

——生命を囲い込む組織行動

目次

第二部　ライフサイエンス分野の特許権行使のありかた

第一部

生命現象の特許化がもたらす問題とは

第1節　初の微生物特許チャクラバティ事件

生物体が特許として最初に認められたチャクラバティ事件

チャクラバティ事件は、米国の知的財産史の中で初めて生物である微生物そのものが特許として認められた例である。この事件の最高裁判決は、当時の科学技術政策の一環であるプロパテント（特許重視）政策を反映したものと考えられる。また、科学技術の進歩に知的財産制度を適応させた典型的な例である。チャクラバティ事件の判決は、米国にとどまらず世界のライフサイエンス関連の知的財産制度のあり方について大きな影響を及ぼした。

チャクラバティ特許の審査と裁判

チャクラバティは米国企業で微生物研究を行っており、微生物を使って石油を分解するプロセスを研究開発していた。研究の成果として、チャクラバティは二件の米国特許を出願した[*1]。

特許の中の一つ（USP 4,259,444）の特許請求範囲として人工的に作られた微生物も含まれていた。

チャクラバティ出願特許は特許庁の審査によって拒絶された。特許審査において改良微生物を特許としない理由は、微生物は自然産物であり、生物は米国特許法の特許可能な発明要件を規定した35U.S.C.§101[*2]（以下§101）で特許対象とされていないということである。米国特許商標庁審判部の判断も同様であり、実験室で作られた微生物は特許の対象としないとしていた。

微生物でも特許になると信じたチャクラバティ側は連邦最高裁判所まで争った。その結果、一九八〇年最高裁[*3]において微生物特許が認められることになった。実験室で作出されたバクテリアは自然界では存在しない微生物であることを認めたということになる。

本件を審議するにあたって最高裁の判断すべき課題は、微生物が製造物あるいは組成物に該当するかどうか解釈することであった。最高裁が特許法§101の解釈をするにあたって重要視したことは時代の変化への対応ということである。つまり、裁判所はその時代の要請、科学技術の進歩を取り入れた判断をしなければならないし、その時代の要請は特許法§101を議論した議会の意図、発言として表されていると解釈した。政治家は世間の動向、要望に基づいて発言するからである。

進歩する科学技術による知的財産法の拡大解釈への圧力

まず特許法§101にいう特許性の解釈は常に拡大の方向に向かっているとのコンセンサスが社会にあったものと考えられる。あるいは産業の要請であったとも言える。その社会の要請を受けとめるのが議会での議論である。最高裁判決では、人間によって遺伝子組み換えが行われ作られた微生物は、特許性を定めた特許法§101のもとで特許として認められるとした。なぜなら、§101で定義された発明が生命を持つかどうかは特許性の問題とは関係がなく、特許となるかどうかは対象となる生命が人間の介在によって生じたものであるかどうかが問題となるからである。最高裁判決は、一九五一年の米国議会委員会の議事録から「太陽の下にある人の創造した物はすべて特許の主題となる」という文章を引用している*4。しかし実際の一九五一年委員会の言葉は少し異なっている*5。つまり、意図したことは人間の作ったあらゆる機械や製造について特許をとることができるということであった。しかし、最高裁判決を書いたバーガー判事は一九五一年委員会の意図を拡大解釈し、機械や製造の適用範囲を生物にまで広げたことになる。科学技術の進歩と産業の要請によりこのような拡大解釈が認められると考えたのであろう。

特許法§101によれば、無制限にすべての発見を特許として認めているわけではない。自然界の単なる発見は特許性がないことも明確にした。自然や物理現象、アイデアは特許性がないという伝統的考え方は保持されている。たとえば新種の野生植物を見つけたとしても特許とはならない。単なる自然現象を明示しているだけで、だれもそれを独占することはできないからである。

それではチャクラバティ特許はなぜ認められたのか？　チャクラバティ特許の場合、単に自然現象を発見したわけではなく、自然にないものを人間の英知によって作出したことに重要性があるからである。一九八〇年代に発達しつつあったバイオテクノロジーに対する保護の必要性を認めたことになる。産業の要請に基づいた判断であった。

生命の特許性について明確な境界を示したことでも画期的な判断であった。これ以後のバイオテクノロジー特許の創出に大きく影響し、ライフサイエンス分野の科学技術発展に貢献した。それのみならず、ライフサイエンス科学の社会的発展、産業経済への展開が促進されることになり、バイオ産業の発展に寄与したことも事実である。

時代の進歩に法律を適応させるのは政治である

一九五〇年代の特許法はバイオテクノロジーの発展を想定したものではない。そのような先端技術の特許性を評価するには、技術進歩を盛り込んだ議会での法制化が必要である。議会での議論の過程の中で、バイオテクノロジーの特許性が明らかにされるはずである。新しい分野における裁判での判断は議会での議論を踏まえて行われるべきである。しかし、いったん議会で議論が尽くされ法制化した場合は、最終的にそれを判断するのは裁判所であることも事実である。すでに、特許性については §101 に規定されている。議会は広い「科学の進歩と有用な技術」に対して特許を与えるべきであるとしている。

バイオテクノロジーの無秩序な展開によってもたらされる生物種の保存の危機を唱える意見も認識しなければならない。これらの危機は人類の危機に通じることであるので、事前に対処を議会において議論する必要があると裁判では指摘している[*6]。

議会における最も重要な判断は、二つの競合する価値と権益をどのようにバランスさせるかである[*7]。その妥当性がいかなるものであれ、これは政府によって政治的に判断されなければならない。遺伝子工学に対する政治的判断はすでに米国国立衛生研究所（NIHと略）でも実質的に行われているし、議会でも多くの議論がなされてきた。議会こそ特許性の基準である §101 を変更する権限を持っている。それまで、裁判所は現行の法律をそのまま解釈しなければならない。

チャクラバティ事件は生物特許審査基準を変えた

チャクラバティ判決の結果、遺伝子工学によって作出された微生物は、§101のもとで特許性と生物特許審査基準（ＭＰＥＰと略）の項目２１０５[*8]で特許されている。現在の審査基準では、微生物からあらゆる生命に範囲が広がり、生命であることは特許性に影響しないとされている。チャクラバティ判決で示された、生命に特許性を認める条件は、人間によって作出されたものでなければならないというものである。つまり、自然に存在する生命に特許性はないという考え方に変化がない。生物と無生物の間には明確な区切りがなされているわけではないが、人間が作出した生物は自然に存在する生物と区別が可能である[*9]。

チャクラバティ事件の社会的影響

チャクラバティ事件に対する最高裁判決は、改変作出された生命に特許性があるという画期的なものであり、バイオテクノロジーの発展に大きな影響を及ぼした。おそらく、一九八五年当時発表されたプロパテント政策レポートであるヤングレポート[*10]にも影響を与えた。一九八五年には遺伝子工学で作られた植物に特許性が認められ、一九九七年には遺伝子工学で改変された動物にも特許が認められた。その後、人の細胞や遺伝子までも特許として認められることになる[*11]。

このように、かつて地球上で遺伝資源として共有状態であった生命が、私有財産として囲い込まれる事態が現在も続いている。

チャクラバティ事件の最高裁判断によって、人間も生物の一つとして特許化する動きが出てきた。たとえば解読されたヒトゲノムや個々の遺伝子、ヒト細胞、ヒト組織、ヒト臓器、ヒト胚なども人工的に改変されれば特許として認められるという風潮がでてきたし、一部ではそのような傾向の特許性判断もあった。しかし、この傾向が無制限に拡大すれば、ヒトの個々の部分がすべて特許として私有化されるという危険性が存在することも認識しなければならない。知的財産と人間性との間をどのように調和するか、今後重要な問題として提起されるようになる。

第2節　患者細胞特許ムーア事件

患者の一部を特許化しても、患者に特許の所有権はないとしたムーア事件の教訓

患者の細胞を許可なく無断で特許化した場合、患者に特許所有権があるかという問題はライフサイエンス分野の特許権を考慮する上で重要な課題である。本課題が初めて提示されたのが、米国カリフォルニア州の最高裁判所まで争ったムーアの事件である*[12]。本件では、患者から分離した生体試料が患者に属するのかあるいは分離した医師に属するのか争点となった。

患者ムーアの人体から分離した細胞を使って、分離した医師が特許*[13]をとり、その特許のライセンスによって利益を得た。これに対してムーアは、分離された生体試料は一元的に患者の所有物であり、その生体試料を基に成立した特許については患者に所有権があると主張した。ムーアのこの主張は単に倫理面からだけでなく経済的な側面もある。この特許は大学からボストンのバイオベンチャーに譲渡され、最終的にはスイスの製薬会社に専用実施権がライセンスされた。

その結果、特許権を持つ大学が五〇万ドルのロイヤルティと七万五〇〇〇株の株式*14を得たからである。

カリフォルニア州高等裁判所の判断*15ではムーアの主張が退けられた。生体から分離して樹立された細胞株の場合、分離した時点でその提供者に所有権はないとした大学側の主張が認められた。いわゆる一般的にいう「消尽」の考え方に類似している。消尽とは、正当に特許製品を入手した場合、その製品の使用や転売に際して特許権者の許諾を得ることは不合理であるので、販売した時点で特許権は消滅したとする考え方である。しかし、カリフォルニア州最高裁では、本人に無断で特許を申請したことは大学側に非があるとして高裁判決を破棄し、差し戻しとなった。高裁で再審議となったが、途中で和解が成立したようで、判決には至っていない。

ムーア事件の提示する課題は、患者から採取した細胞等の生物材料を特許化した場合、その特許に患者の所有権はないのかということである。カリフォルニア州最高裁は、人体から分離した細胞等の生物材料にその提供者の所有権はないと判断した。人体から分離した時点で生体試料はすでにその人物の所有権が消滅しているとの判断を初めて行った点が画期的である。この判断を行う背景として、個人の所有権を認めるとその所有権の濫用によってライフサイエンスが混乱し、科学の発展が阻害されるということを重視したことがあげられる。ライフサイエンスでは、遺伝子など人体から分離した試料を用いて研究する機会が非常に多いため、その試料の所有権を明確にしておく必要があった。その時代の科学事情に合わせて争点の判断を行った例であることは間違いない。

生命倫理問題としてムーア事件はインフォームド・コンセント違反の観点から取りあげられる場合が多い。医師から患者への十分な情報提供と患者の納得が両者間の契約の条件である。ムーア事件の場合、医師は細胞を使って診断を行う方法を開発し商用に用いて利益を得るもくろみのあることをムーアに情報提供していなかった。患者の血液が商業的利益を有すると判明した場合、医師は患者に知的財産権の帰属について説明する義務がある。したがって、医師の忠実義務の違反といえる。患者の健康と関係ない医師の個人的利益で、医学的決定に影響を及ぼすものについては開示義務があると考えられる。

第3節　カナバン病遺伝子特許事件

患者が自身の試料を譲渡した場合の所有権の帰属

カナバン病は一歳未満で発病する遺伝性の疾患で、知能障害、痙性麻痺、視力と聴力障害が進行する。頭囲は増大し、縫合の開離や髄液圧の上昇が認められる。カナバン病遺伝子特許は、一九九四年九月マイアミ小児病研究所より出願され、一九九七年一〇月米国特許 5,679,635 として成立した。これと相前後してカナバン病研究組織あるいは患者組織の努力により本疾患診断ガイドラインが作成された。カナバン病患者はその病気の原因遺伝子を解明する研究のために自身の組織・細胞を病院に提供していた。

本診断ガイドライン作成後二週間で、マイアミ小児病研究所は関係する診断研究機関、病院に本特許の存在とそのライセンスの可能性について注意書きを送った。それによると非営利研究機関に対するライセンス条件は通常実施権で、ロイヤルティは、テスト一回あたり一二・五ドルでとしていた。

年間のテスト回数制限を課していた。営利目的には、特定の大手診断企業に専用実施権を与える

一九九九年カナバン病の研究団体と患者団体は診断共同組織を作り、カナバン病遺伝子特許ライセンスの交渉をマイアミ小児病研究所と行ったが、交渉は不調に終わった。その主な理由は、マイアミ小児病研究所がライセンス収入の最大化を図るため、ある特定診断企業への専用実施権ライセンスを優先的に画策し、非独占的通常実施権ライセンスを控える方針をとったためと考えられる。二〇〇〇年四月、マイアミ小児病研究所の特定診断企業へのライセンス活動が不調に終わったため、マイアミ小児病研究所はカナバン病診断共同組織にライセンス提案を行った。その内容は年間ロイヤルティ約三七万五〇〇〇ドルで、そのうち二万ドルを診断テスト喚起のための公共宣伝に使うというものであった。また、本特許ライセンスに関してマイアミ小児病研究所を批判しないという条項も含まれていた。それに対してカナバン病診断共同組織はライセンスの経済条件は受け入れられるが、批判禁止条項は受け入れられないとした。

二〇〇〇年一〇月、カナバン病遺伝子研究のためマイアミ小児病研究所に病理サンプルを供給した患者家族及び研究機関がマイアミ小児病研究所を訴え、その判決が二〇〇三年五月にマイアミ地裁で出された。問題とされたのは、患者が善意で提供した遺伝子試料を用いて成した発明に

ついて患者の了解なしに特許化を図ったことである。さらにその発明を用いて商用活動を行ったことである。善意の提供を利用して権利化を図り特許権によって利益を得ようとしたことは、善意を裏切るものであると主張した。

カナバン病協会の患者が自分の組織や細胞を提供するのは、あくまで患者自身を救うためである[*16]。そのため、研究から開発された検査方法は将来の治療方法開発のためのもので、公共に属するものでなければならないと協会側は主張する。しかしマイアミ小児病研究所の取った行動はこの精神に逆行した。一九九七年に米国特許 5,679,635 が成立した後、マイアミ小児病研究所は、研究成果は公共のものであるという考え方を変換した。研究所側は知的財産権の行使は特許権保有者の権利であると主張し、その方針に反するカナバン協会の活動を制限し、公共のアクセスを制限した。また特許ライセンス活動を活発化させた。患者団体は、マイアミ小児病研究所が取得した特許によってライセンス料を得たのは不当利益であり、協働研究で得られた成果を許可されていない目的のために使われたため損害を受けていると主張する。もし、マイアミ小児病研究所が特許を取ったりそれをライセンスしたりして商用化することを原告が知っていたら、試料や資金を提供することはなかっただろうと思われる。

特許権を取り商用活動したとしても患者に損害を与えることはないし、患者が情報にアクセスするのは制限されていないとマイアミ小児病研究所は主張した。さらに、患者はカナバン病遺伝子を手にすることができたし、その遺伝子検査方法も得られたと主張した。マイアミ小児病研究所も成功するかどうかわからない研究を行い資金も供給している。特許法で認められた権利を行使しているのみであると言う。

米国南フロリダ地区地方裁判所は、患者団体の訴えの大部分を棄却した*17。論点であったインフォームド・コンセントの不備、信認義務違反、特許出願の報告違反、トレードシークレットの不当行為についての原告の主張を裁判所はしりぞけた。しかし、裁判所は患者の主張した、研究者に組織サンプル利用による不当利益があったことについては認めた。不当利益であるかどうかについて、患者側が善意の自由意志で血液や組織試料を病院側に無償提供したのみならず、研究費の助成も行ったが、病院側が患者側の善意に応えることがなかったのは不衡平であると判断された。

カナバン病遺伝子研究は患者団体、マイアミ小児病研究所のみならず多くの関係者の協働によって達成させるべきであり、関係者が紛争するのは得策でない。善意で提供された試料を用いて成した特許を使って利益を得ることは基本的法理である衡平と公正に基づく平衡法の道義に違反していると考えられた。

裁判の結果を受けて、カナバン病協会とマイアミ小児病研究所は和解交渉を行い、カナバン病遺伝子特許の取り扱いについて合意に達した[*18]。カナバン病遺伝子を用いるいくつかの商用遺伝子診断はロイヤルティ支払いを義務とするライセンス契約によってのみ行えるが、カナバン病治療を研究する医師や研究者はロイヤルティフリーで遺伝子診断を利用することができる。さらに遺伝子治療や遺伝子診断において自由にカナバン病遺伝子を使用することが可能になった。

患者の試料から分離した遺伝子は少なくとも公共の利益となるように使われるべきであり、それを円滑に行うのが医師の義務である。患者を単なる臨床試験のための試料として取り扱うべきではなく、治療をめざした善意の提供者であることを認識しなければならない。裁判所の判断では医師の忠実義務違反を認めなかった。状況から判断して医師が怠慢で試料を利用していないという事実はなかったからである。

患者が自身の試料を医師に善意で譲渡した場合は、患者の所有権は消滅すると考えるのが自然である[*19]。患者が善意で提供した試料は研究コミュニティへの贈り物になり、その試料にある所有権はその贈り物から手放れしていると考えられる。

第4節　遺伝子組み換えマウス特許事件

がんマウス特許をげっ歯類に限定して認めたEPO裁定

がんマウスあるいはハーバードマウス（以下「がんマウス」という）特許は欧州特許庁（EPOと略）で審査した最初の遺伝子組み換え動物、いわゆるトランスジェニック動物特許である。EPOは、欧州各国の出願から特許付与までの手続を一括して行うことを目的とする欧州特許条約（European Patent Convention; EPCと略）に基づき設立された欧州地域特許庁で、実質の特許審査、特許付与を行う機関である。がんマウスはヒトのがん遺伝子をマウスのゲノムの中に挿入した遺伝子組み換えマウスで、ヒトがんの研究を行う上で重要なリサーチツールである。発明者はハーバード大学のフィリップ・レーダーらで、米国では一九八八年に特許となったが、すでに特許切れとなっている。

ヨーロッパでは、遺伝子組み換えマウス特許の審査過程の中で生命特許のあり方について激しく議論された。がんマウス特許 EP0169 672 は一九八五年六月に米国ハーバード大学によって出願され、一九九二年五月に特許としてＥＰＯから承認された。レーダーらはこの特許を一九九九年デュポンにライセンスしており、デュポンは積極的な活動によりすでに一七〇の学術研究機関に対してフリーライセンスを認めているが、商用研究にはロイヤルティを要求している。

本特許成立後人権団体等から多くの特許不服審判の請求がＥＰＯに出された。二〇〇一年一一月、特許維持決定されたがんマウス特許に反対するグループの不服審判申し立てに対して公聴会が開かれた[*20]。特許に反対する申し立ては一七件あったが、その中で今回の公聴会では英国、ドイツ、スイスなどの団体が意見を表明した。反対者の主張の概略は、がんマウス特許は新規性がないという点と公序良俗、生命倫理に反するという点である。さらに動物保護の観点もインパクトのある主張となっている。

二〇〇四年七月、ＥＰＯはがんマウス特許をげっ歯類に限定して認めた[*21]。どのような作出方法であってもがんマウスの性質があるげっ歯類なら認められることになった。すなわち、がんマウス特許はあらゆるがん遺伝子を含むげっ歯類をその請求範囲に含むので、リサーチツールとして範囲の広い特許といえる。特許制度は発明に基づいて特許性を判断しているのであり、動物愛護が特許性判断の要件ではない。がんマウス特許の動物愛護リスクを判断するのはＥＰＯではなく行政当局であるとして、動物愛護について踏み込んだ判断はなかった。

しかし最終的には、がんマウス特許の社会的リスクと有用性のバランスを考慮して中庸を図った判断をすることになった。すなわち、遺伝子組み換えした高等生物すべてを含む請求範囲はあまりにも広すぎるので、げっ歯類に限定した。こうすれば、ヒトを含む霊長類にまで影響が及ぶことはなく、無制限にヒトの遺伝子を含む動物を作出することにある程度の歯止めをかけることができたといえる。しかし、動物の拡大解釈によってヒトに影響が及ぶ可能性はあるので、今後ヒトの尊厳と知的財産の関係について真剣に議論し、政策として結論を得るべきであろう。

ヨーロッパの欧州連合指令は欧州連合（EU）が発行する地域法の一つであり、EU加盟国が目的を達成する義務を負うが、達成のための方法や形式は各国に任せられている。欧州連合指令の一つである98/44/ECは一九九八年七月六日に決定されたバイオテクノロジー関連発明の取り扱いを定めた法律であるので「バイオ指令」と呼ばれている。バイオ指令98/44/ECでは、ライフサイエンス関連発明の特許性、保護範囲、強制的ライセンス方法、寄託方法などが定められている。EPOが特許審査を行う基準としてバイオ指令98/44/ECも考慮に入れなければならず、すでに欧州特許条約（EPC）の中に法制化されている。今回のEPOの判断はバイオ指令98/44/ECに従った措置である。バイオ指令98/44/ECの第四条*[22]で、がんマウスは自然に存在する動物の種ではなく、人工的に作出されたものであると判断される。

これによって、人工的に作出するという条件をつけることにより、高等な生命を特許化する事例が確立し、これに続く動物を用いた発明の特許化に道が開けた。遺伝子組み換え生物の特許性を判断する基準は、その技術の有用性とリスクのバランスであるとした。リスクには生物学的なリスクのみならず環境へのリスクも考慮しなければならない。

生命倫理に対するEPO裁定はヨーロッパ社会に重大な影響をもたらした。環境運動活動家グループであるグリーンピースなどのヨーロッパにおける根強い動物愛護運動の一つとしてEPO裁定は位置づけられる。活動家グループは動物を特許化することに強い反発を持っている。動物愛護の観点は特許法には存在しないので、公序良俗に反することを主張したが受け入れられなかった。動物愛護以外の観点として、いかに違う性質の動物を作ったとしてもそれは新しい動物とはいえないという新規性の欠如を論拠とした議論も行ったが説得させられなかった。

ヨーロッパでは多くの動物愛護団体は動物を特許化するのは間違いであるとEPOの裁定に強く反発し、特許性の判断においてEPOが生命倫理を考慮しないのは問題であると考えている。グリーンピースは各国での特許化を阻止し、各国におけるヨーロッパ指令98/44/EC批准反対の政治運動を展開すると表明している。

カナダ最高裁はがんマウスについて組成物特許を形成しないと判断

遺伝子組み換えマウスの特許性については、カナダでも議論がたたかわされた。二〇〇二年一〇月、カナダ最高裁はがんマウス特許を否定した[*23]。カナダには一九八五年に出願されたが、一九九三年カナダ特許庁は、特許審査において特許法審査基準に反するとして特許拒絶した。その後特許性判断は裁判所での論争に持ち込まれ、一九九七年カナダ連邦地裁では特許庁の判断が支持されたが、二〇〇〇年のカナダ連邦控訴裁でがんマウスが組成物を構成するとして特許が認められた。しかし、二〇〇一年カナダ最高裁の五対四の判断で特許がふたたび否定された[*24]。

カナダ最高裁によって、がんマウスは組成物特許を形成しないと判断されたということである。一九六九年の特許法では、組成物の特許性は下等生物を含むかもしれないが、高等生物そのものまで含むようにはなっていない。なぜなら、下等生物は容易に組成物や製造物として人工的に作出可能であるが、高等生物は倫理面もあり遺伝子改変することは許されていない。製造物とは無生物的に機械的に製造されたものと解釈され、組成物は人工的に組成あるいは混合された成分あるいは物質であるとされている[*25]。

しかし特許法はバイオテクノロジーの出現するはるか以前の一八六九年に制定されたものであり、バイオテクノロジーの急速な発展を想定したものではない。つまり、現在の特許法は現在の科学技術に適合したものではない[*26]。高等生物を特許化することを決める法律は存在しないし、それについて争ったこともない。カナダ最高裁の決定は法律を額面通り評価したものにすぎない。経済的、社会的影響を決定の要件としていない。

高等生物そのものを特許として認めるかどうかは立法によって決定されるべきであるとカナダ最高裁は意見を述べている。社会では遺伝子組み換え生物の特許はライフサイエンスの発展に必要であるとの意見もあるが、逆に遺伝子組み換え生物自体について慎重であるべきとの意見もある。したがって、早急に判断すべき問題でない。生命倫理面の評価も行っていない。カナダ最高裁の判断によって、高等生物そのものは特許として認められないことが確定したが、高等生物を遺伝子工学的に改変する方法については特許化が可能であることに変わりはない。

カナダ最高裁判決はカナダ社会に大きな影響を巻き起こした。カナダ最高裁ががんマウス特許を五対四の評決で認めなかったことにより、特許の主題に関する世界の特許制度の調和に課題を提出したことになる[*27]。米国連邦最高裁はチャクラバティ事件で生物そのものの特許を認めたが、カナダ最高裁は逆にがんマウス事件で生物そのものの特許を否定した。両者の違いは、米国の場合は微生物という下等生物であり、カナダの場合はマウスという高等生物である点である。しかしながら、高等生物と下等生物の境は明確でないので、今後どのように区別するのか議論を待たねばならない。またヨーロッパ流の公序良俗や生命倫理を強調する考え方と米国流の実利的、実用的な考え方のバランスをどのように取るかも課題となる。

カナダでのがん研究が停滞するとの意見がライフサイエンス分野の団体から表明された。がんマウスを用いた研究が停滞し、より精緻ながん化メカニズムの解明が遅れるからとの理由である。この問題を解決するには政治的な解決しかなく、現行特許制度の改定か新制度の創設しか方法はない。しかしそのためには社会的影響や生命倫理面での合意を得ることが必要である。また、カナダ最高裁の特許性否定がカナダのライフサイエンス産業に及ぼす経済的影響を詳細に分析することも必要であると考えられる。

第5節　乳癌遺伝子特許ミリアド・ジェネティックス事件

乳癌・卵巣癌遺伝子ＢＲＣＡ1とＢＲＣＡ2特許[28]を巡る紛争

ヒト乳癌遺伝子ＢＲＣＡ１とＢＲＣＡ２の発見と特許化の経緯[29]を詳述することは、遺伝子特許に対する議論経過を検討する上で重要である。一九八〇年代から米国、英国、フランス、ドイツ、日本などの国際研究機関の共同研究コンソーシアムが中心となり、欧米人の乳癌の原因となる遺伝子変異を発見しようと研究が行われた。一九九〇年に初めてこのコンソーシアムとカリフォルニア大バークレー校キングらが共同で乳癌遺伝子の同定を報告した。これがＢＲＣＡ１である。一九九五年一一月ミッシェル・ストラットンに率いられた英国がん研究チャリティ（ＣＲＣと略）傘下のがん研究所（ＩＣＲと略）チームは後にＢＲＣＡ２遺伝子と名づけられた遺伝子が乳癌と関連性があることを発見した[30]。現在乳癌の原因遺伝子として知られているＢＲＣＡ１とＢＲＣＡ２はその後ミリアド・ジェネティックスの創立者であるマーク・スコルニックら多くの研究者によって解明された[31]。ＩＣＲの研究情報を入手した米国ミリアド・ジェネティックスは乳癌遺伝子ＢＲＣＡ２の塩基配列を決定し、一九九五年特許出願した。しかし、ＩＣＲのストラットンはミリアド・ジェネティックスのＢＲＣＡ２遺伝子特許出願に反対し共同研究を解消している。ミリアド・ジェネティックスはＢＲＣＡ１遺伝子のみならず、ＢＲＣＡ２遺伝子についても特許権を主張し、権利行使することになる。ちなみに米国国立衛生研究所（ＮＩＨ）は乳癌遺伝子研究に長期にわたって資金を提供しており、ＮＩＨの貢献度は発明の三分の一以上はあると推定されている。

ミリアド・ジェネティックスは手にした二つの遺伝子に対する特許に基づき、米国国内の病院あるいは医学研究所が行う乳癌遺伝子検査に対して権利行使を行っている。ミリアド・ジェネティックスのＢＲＣＡ１遺伝子診断費用は一件あたり約三〇〇〇ドル以上かかり、診断検査は米国内にあるミリアド・ジェネティックスの施設で行うことになっている。また広く医学関連研究所の検査に対して一件につき二〇〇ドルでライセンスを行っている。ミリアド・ジェネティックスの遺伝子診断ビジネスによる収入は二〇〇九年度で三億二六五〇万ドルと報告されている。欧州では、二〇〇一年の平均ＢＲＣＡ１遺伝子診断費用は一一〇〇ドルと推定されているので、もしミリアド・ジェネティックスが欧州で権利行使すると、コストアップになると恐れられている。

カナダ・ブリティッシュコロンビア州ではＢＲＣＡ１遺伝子診断を保険で行うことを全面的に中止することを決定した。その結果、この州の診断施設ではサンプルをオンタリオ州に送って検査することを強いられている[*32]。カナダ・オンタリオ州でのミリアド・ジェネティックスの権利行使に対して、オンタリオ州厚生省はヒトゲノムプロジェクトで得られた成果を私企業に独占させてよいのかとして反対を表明し、特許を無視している[*33]。ミリアド・ジェネティックスと異なる方法でＢＲＣＡ１遺伝子検査をミリアド・ジェネティックスの提供する価格の三分の二で検査することを計画している[*34]。

政府が一定のルールを定めない限り、遺伝子特許を巡る混乱は解決しないだろう。カナダではミリアド・ジェネティックスの特許を無視し、ライセンス料を払わない方針を表明する機関が増えている。特許の権利と公共の利益のバランスを考慮した措置である。しかし、明確な理由と判断プロセスなくして一方的に強制実施に似た措置をとることは社会的影響が大きすぎる。慎重な対応が求められる。

英国においては、英国がん研究機関はＢＲＣＡ２に対する欧州特許 EP858,467 を二〇〇四年二月に取得した[*35*36]。本特許はＢＲＣＡ２の塩基配列とそれを用いる不活性変異型の遺伝子6174delT を検出する方法を請求範囲としている。ＢＲＣＡ２の発見はＣＲＣ／ＩＣＲのストラットンらによって英国がん研究団体の資金援助のもと一九九五年に成されたものであるからである。ミリアド・ジェネティックスは当然同じような特許を持っているので異議申し立てを行っている。CRCは商用目的利用にはライセンス料を取るとしているが、英国厚生省（NHSと略）の公共目的の利用に対してはライセンス料なしで供与すると表明している。このCRC所有のBRCA2特許はオンコメッド社にライセンスされたが、オンコメッド社がミリアド・ジェネティックスに権利を売却した。この結果、英国において特許権を行使しライセンス料を取ろうとするミリアド・ジェネティックスと公共の自由使用を主張するNHSの間でBRCA遺伝子特許使用を巡り紛争が起こった[*37]。一九九九年ミリアド・ジェネティックスは、NHSに対してBRCA1遺伝子とBRCA2遺伝子特許使用に対する対価を要求した。英国国内ではこのミリアド・ジェネティックスの動きに対して反対の声があがった。たとえば、英国ガイ病院のホドソンは、「このBRCA遺伝子はロンドンで研究された成果にもかかわらず、私企業のミリアド・ジェネティックスにライセンス料を強制的に払わなければならないとすれば、多くの遺伝子診断研究所は研究放棄しなければならなくなるだろう」と述べている。

ミリアド・ジェネティックスは、二〇〇〇年に英国ロスゲン社とBRCA遺伝子診断について五年間のライセンス契約を締結した。この契約締結により、ますます英国内でBRCA遺伝子診断に関する危機感が高まり、政府に対して解決を望む声が強くなった。そのため、ＮＨＳがロスゲンと交渉に入り、二〇〇〇年一〇月に英国政府とロスゲンの間でＭＯＵ（覚書）が交わされた。その契約によれば、ＢＲＣＡ遺伝子診断のライセンス料は無料、ＮＨＳで行うＢＲＣＡ遺伝子診断数に制限なしとするなど比較的ＮＨＳに有利な条件となっている。しかし、その後ロスゲンが倒産したため、二〇〇二年末現在、直接ＮＨＳとミリアド・ジェネティックスが最終交渉中である*[38]。

米国では、ミリアド・ジェネティックスの保有する乳癌遺伝子特許について特許無効裁判が提起された。遺伝子の特許は特許法上認められるかという基本問題を含んでいるため、産業界のみならず学会や法曹界を巻き込んだ大議論に発展している。二〇〇九年五月、分子病理学会や米国医学遺伝学大学協会などの遺伝子診断関連の学会が乳癌遺伝子特許について無効裁判をニューヨーク州南部連邦地裁に提起した*[39]。患者を含む市民団体である米国自由人権協会（ＡＣＬＵと略）もこの特許無効訴訟に加わっている*[40]。この訴訟の特徴はミリアド・ジェネティックスの競合相手からの特許無効訴訟ではなく、遺伝病研究者や患者などの潜在的顧客からの訴えという点である。

訴訟の焦点となるのは、自然のものである遺伝子を単離しただけで特許になるかどうかということである。自然からの発見である遺伝子そのものの特許は特許法で禁じられており、もし認められるとその独占性は強力であり、研究活動、特に遺伝子診断研究が阻害されると反対派は主張している。遺伝子特許は生物学の基本要素を請求範囲としており、多くの場合遺伝子診断の対象になるため、その独占は重大な問題を引き起こしている。ACLUの主張は、ヒトの体内にある自然物と関連性のある遺伝子の特許は憲法違反であり認めるべきではなく、米国特許商標庁は自然物に特許を与えないという特許法の基本ルールに例外を認めていることになるとしている。一方、米国のバイオ産業団体BIOは、被告である米国特許商標庁とミリアド・ジェネティックスに好意的な意見書を裁判所に提出している*41。BIOの意見書で、遺伝子特許はその保有者であるバイオベンチャー企業がビジネスを行う上で最も重要な資産であり、企業発展にはなくてはならないものであると主張している。

二〇一〇年三月、ニューヨーク州南部連邦地裁はミリアド・ジェネティックスの乳癌遺伝子BRCA1とBRCA2特許について無効判決を言い渡した*42。判決の理由として、遺伝子は自然のものであり、特許として認められないとしている。もちろんこの判断は連邦地裁のもので、この判断が確定するには今後相当の年月を要するものと考えられる。二〇一一年四月現在、ミリアド・ジェネティックスは連邦巡回控訴裁に控訴している。多くの特許法学者は、この判決は上級裁判所で覆るであろうと予想している。いずれにしてもこの問題について多くの論説が今後発表されるであろう。

地裁判決文の中で、ヒト遺伝子の特許化の是非について多くの科学者や法律学者が論じている。特にノーベル賞学者でヒトゲノム解読プロジェクトの中心人物ジョン・サルストンの証言*43は興味深い。サルストンはヒト遺伝子や遺伝子配列情報の特許化は科学の進歩に有害であると主張する。すなわち遺伝子特許はその遺伝子のあらゆる利用を制限し、研究を阻害するからである。遺伝子特許は最も基本的な生命情報へのアクセスを阻害し、科学コミュニティが科学情報の共有化を躊躇させることになる。遺伝子特許は医学研究に有害である。現在はすべてのゲノムを解読することが可能になり、特許のあるなしにかかわらず個々の遺伝子変異を発見することが可能になった。病気になったヒトや病気になりやすいヒトの遺伝子配列を解読し変異点を比較することは重要であるが、そのためには遺伝子配列情報の自由な共用が必須である。

遺伝子特許の獲得は疾患の解明を推進しバイオテクノロジーの発展、科学的イノベーションに貢献してきたのは間違いないが、次世代シーケンサーの発達によりヒトゲノム情報が高速に解明される現在では、むしろ遺伝子特許は遺伝子利用の阻害となっている。さらに、合成生物学などの遺伝子利用の発展を阻害する可能性がある。合成された遺伝子が所有者のものになれば、それを使って研究開発を行うことが限定されるからであり、合成された遺伝子を持つ生物も独占権が認められることになるからである。

公共の福祉に貢献すべき遺伝子診断特許の特許権行使のありかた

英国がん研究機関の発表によれば、ＢＲＣＡ２に対する欧州特許EP858,467は公的研究機関が自由に無料で使える。この発表に対して、ヨーロッパの臨床遺伝子検査研究機関は歓迎の意を表明している。ＢＲＣＡ２遺伝子の機能解明、疫学研究、治療法の開発などの進歩が今後自由に低いコストで行えるようになるだろう。

遺伝子特許についてヨーロッパでは反対意見が多い。もともと遺伝子配列は自然からの発見であり、発明ではないという考えがあるからである。たとえ遺伝子が特許として認められたとしても、遺伝子自体が個人の所有物となることはなく、共通のものであるとの考え方が強い。この考え方はミリアド・ジェネティックス欧州特許の異議申し立てにしばしば現れた。ある場合には「公序」の考え方も援用している。人類の共有物である遺伝子を私有化することは公共の利益に反するとの考え方である。また別の議論として、遺伝子そのものは他の製品と同じように発明されたものではなく、特許で遺伝子を独占することは研究開発の下流の発明を阻害することになるというものがある。遺伝子そのものを特許として私有化すれば、その遺伝子を使った新しい改良・発展は生まれず、遺伝子特許によって阻止されるだけである。そのようになれば、科学技術の発展は特許制度によって阻害されることになる。

遺伝子特許の取り扱いとして、遺伝子の情報利用について著作権料のような合理的な料金をその使用の際に払う制度を提案する動きがある。また遺伝子特許を禁止すべきとの意見もある。禁止することにより、研究者は自由にその遺伝子を使いさらに発明につながる研究を行うことができるからである。遺伝病診断などには遺伝子特許の権利が及ばないようにすべきとの意見もある。今後、パーソナルゲノム（個別医療）の時代になることが予想されている中、遺伝子診断ビジネスの中で遺伝子特許の取り扱いを真剣に検討すべき時期に来ている。

ミリアド・ジェネティックス遺伝子特許裁判判決のもたらしたものと今後の展開

ヒト乳癌遺伝子ＢＲＣＡ１及びＢＲＣＡ２の取り扱いについて、激しい論争が遺伝子診断分野で続いている。この論争は患者等を含む公共の健康福祉に大きな影響を与えるとともに、高額の遺伝子診断料は医療財政をも圧迫することになった。このような事態に対処するため、米国厚生労働省はＮＩＨの科学技術政策部門に遺伝子診断へのアクセスについて評価を諮問し、二〇一〇年にその結果が公表された[44]。この「遺伝および健康と社会問題に関する大臣諮問委員会」[45]の目的は、遺伝学研究や遺伝子診断開発に特許やライセンスが影響を及ぼしたか、特許権行使が患者の遺伝子診断アクセスに害を及ぼしたか、特許やライセンスが遺伝子診断の質にどのような影響を及ぼしたか、を明らかにすることであった。

現在の遺伝研究や遺伝子診断への特許権による独占権の影響を分析したところ、特許権は研究者が遺伝研究を行うための重要なモチベーションになっていないと諮問委員会は結論づけている。研究者のモチベーションとしては知識の拡大、患者への貢献、自己のキャリアアップの方が重要である。状況によって遺伝子特許はその後の研究発展を阻害する場合が認められた。遺伝研究を行い公表する原動力は科学者の規範であり、科学者の強い発表意欲である。遺伝子診断業界において、学会で公開されないものは受け入れられないという常識があるが、特許には情報公開を促進させる力はない。いままで、特定遺伝子診断を開発するのに特許権が必要であったというケースを見いだすことができなかった。たとえば、米国でよく見られる嚢胞性線維症の診断には五〇の民間および公立機関の診断方法が通常実施権のもとで行われている。ＢＲＣＡ1やＢＲＣＡ2の遺伝子診断のように特許権が認められ、独占的に一社が行うことは稀である。将来遺伝子診断技術が発展した場合、複数遺伝子分析や全ゲノム配列解析などが行えるようになるが、その場合遺伝子特許はこの新しい診断方法を阻害するのではないか。なぜならこのような新しい診断方法を実行するには個々の遺伝子特許の権利を取得しなければならないからである。現在の特許法では多数の特許権者の権利を制限する手段は少ないので、ライセンスを得ることは困難極まりないと予想される。この問題を解決する方法が強く求められている。遺伝子特許やそのライセンスは遺伝子診断を受ける患者にも悪影響を及ぼしている。医療保険を得られない場合、患者は高価な検査を受けることはできない。遺伝子診断を行う会社が一社しかない場合の診断について患者は第二の意見を受けることができない。遺伝子特許の持つ独占権は診断の質に影響を及ぼすと思われる。複数の検査機関の間で、サンプルの相互利用や得られた結果の比較ができないからである。

諮問委員会は遺伝子診断における特許権の扱いについて六つの勧告を出した。すなわち、①特許侵害の例外規定を創設すべきである、②遺伝診断へのアクセスを確保するため規範の遵守を促進する、③ライセンスの透明性を向上させる、④遺伝子特許やそのライセンスの健康への影響を議論する諮問委員会を設置する、⑤米国特許商標庁へ遺伝学専門家を派遣する、⑥臨床的に有用な遺伝子診断に平等にアクセスできる方法を確保する、である。このような政府の取り組みの中から遺伝子診断に対する新しい制度が新設されることを期待したい。そうすれば、今後の個別医療の発展は急速に進展するものと考えられる。

第6節　合成生物学特許の展望

合成生物学の知的財産による囲い込み

合成生物学とは、いままで確立した生物学の知識を用い、解明された生物の部品、装置、システムを用い、新しい目的別にデザインし直し、再構築することとされている。その究極の姿は人工的に再生可能な生命を創生することである。合成生物学は生物をシステムとして捉え、全体の調和と改良を目指す。たとえば、既存生物に新しい機能遺伝子を付加したり、究極的には有用で生命にはない性質を持つ今までにない生物を人工的に創造したりすることであると考えられる。これまで発展してきた遺伝子工学は個々の遺伝子に焦点を絞り、その遺伝子のみの改良・改変を行うことであり、全体のシステムを考慮することは少ない。産業的な観点からすると合成生物学は物質生産システムの新たな構築にとって重要である。

多くの可能性を秘めた合成生物学は急速に進歩しており、二〇一〇年にエポックとなる研究成果が発表された。クレイグ・ベンターらは*Mycoplasma mycoides*という微生物のゲノムを人工的に全合成した[*46]。合成した遺伝子を他の*Mycoplasma*の遺伝子を抜いた抜け殻細胞に導入したところ、この細胞は*Mycoplasma mycoides*として増殖することができた。この新しい微生物のＤＮＡはすべて*Mycoplasma mycoides*由来であることが確認されている。人間が全合成した遺伝子が増殖能を持って、自律的に増殖することが初めて科学的に示された。

新しい合成生物の創生という科学進歩に対し、米国大統領オバマは専門家による生命倫理委員会[*47]を組織し、この合成生物学という新しい科学進歩について社会的インパクトを検討することを命じた。社会的側面として、生命倫理があげられるが、それ以外に社会的リスク、環境リスクなどを専門的に掘り下げ議論することになった[*48]。第一回会合が二〇一〇年七月に開催され、ベンターやジョージ・チャーチなどの合成生物学の推進者と遺伝子犯罪の立場からＦＢＩや環境への影響を研究する学者などが証言した。目的は、社会的な利益と不利益を予断なく評価し、今後の方針を決めることにある。環境への影響、特に人工遺伝子の自然界での組み換えによる影響を問題視する意見も出された。また、高校生などアマチュアが規制を無視して人工生物を創生する可能性があることも述べられた。この生命倫理委員会は総合的な意見をまとめ大統領に提出されることになっている（二〇一〇年一二月報告書が公開されている）。

合成生物学の進歩は歓迎するが、生命倫理への影響は慎重に見極めるべきである。さらに、最終判断はこの新しい生物学の社会に及ぼす利益と不利益から判断すべきである。それまでは、研究開発は厳格にコントロールした状況で行うことが望ましい。リスクは取り返しのつかない事態である場合が想定されるからである。科学的な規制は必要である。適切な規制を行うためには、合成生物学進歩の社会的影響について詳細かつ正確に評価する必要がある。現在は合成生物学進歩についてのリスク評価を行っている段階である。ベンターらの発表に対し生命倫理からの見方として、バチカンから声明が発表されている[*49]。それによれば、合成微生物の創生は遺伝子組み換えの重要な研究の一つであるとしているが、ベンターらは合成生物創生の単に一つステップを成し遂げただけであり、生命を創生するには至っていないと判断している。つまり、まだ研究の初期段階であり、生命倫理面から評価するには程遠い段階であり、明確な判断を保留していると思われる。

合成生物学の一つの懸念として知的財産問題がある。合成生物学は生物システムを再構築するため、個々の要素技術のアッセンブリが要となる。しかし、ベンターなどの強力な先駆者が技術の知的財産権を押さえてしまえば、他の研究者あるいは産業界がこの有用な合成生物学の成果を利用することが困難になる。すでにベンターらは遺伝子のアッセンブリと人工微生物製造方法について多数の特許出願を行っていることが知られている。多くの要素技術はそれぞれ特許権によって守られており、ベンターなどの先駆者でさえも利用するためにはライセンスが必要である。ライセンスには膨大な費用が必要になるし、すべての特許がライセンス可能であるとは限らない。

合成生物学の知的財産のあり方について知的財産法の学者はもっと真剣に検討すべきである[*50]。特に合成生物特許の活用をどのようにするかが課題であろう。なぜなら現在の知的財産法では合成生物学の統合的システムを管理することは不可能であるからである。現在の知的財産法は従来の分析生物学の分析・分類に適応して研究の上流から下流への一方的な流れをカバーしているが、合成生物学技術は逆にその特徴として下流から上流をアッセンブリするものであるので、知的財産法ではコントロールできない。つまり合成生物学の技術は化学部品を組み立て、生物を創造することが基本である。

一つの解決法として、オープンイノベーションが合成生物学に詳しい科学者から提案されている。たとえば、サルストンはインタビューでベンターらの研究結果は知的財産から見ると危険であると指摘している[*51]。サルストンはゲノムプロジェクトで塩基配列データの公開を強く主張した人物である。今回のベンターらの合成生物学の研究結果について、このままでは知的財産権によって合成生物が独占される可能性があるとしている。ベンターらの特許はその権利範囲が広く、二〇年間はライセンスされる場合以外だれもアクセスすることができない。それではすべての合成生物はベンターの所有物になってしまう。やはりヒトゲノムプロジェクトのときと同じように、すべての発明や発見は公開すべきであろう。特許権の行使によって社会にとって有用になる可能性のある研究が阻害される。知的財産権はイノベーションを促進するために必須のものであるといわれているが、それを明確に示すデータは存在しない。このことを強く認識すべきであるが、最近オープンイノベーションの概念が論議されるようになったことは好ましい傾向である。

第二部

ライフサイエンス分野の特許権行使のありかた

第1節　リサーチツール特許とパテント・トロール活動

パテント・トロール活動は特許の流通・活用を妨げる

パテント・トロールは近年ＩＴや電気業界で特許流通上の問題となっている。パテント・トロールとは、裕福な企業から高額な和解金を獲得するだけの目的で特許を保有していると思われる会社のことである[*52]。これらの業界ではひとつの製品に多数の特許が複雑に関連しあっており、その権利範囲を正確に把握することが困難なため、パテント・トロールを生む温床となっている。パテント・トロールは自ら研究開発を行わず特許をかき集め、誰か製品を販売したときその製品が自身の持つ特許を侵害していると主張し利益を得ている。これらの行為は特許法の基本精神に反することは明らかであり、なんらかの対策をとることが必要である。

ライフサイエンス分野ではパテント・トロール現象が起こることは稀である。医薬品などは物質特許などごく少数の特許に守られている場合が多いので、特許の権利範囲は比較的明確でありパテント・トロールの入り込む余地は少ない。しかし、近年ライフサイエンス分野で、遺伝子、実験動物、実験手法など主に実験に用いるリサーチツールといわれる技術が発達し、数多くのリサーチツール特許が取られた。重なり合う権利範囲を持つリサーチツール特許を実験に用いる場合、他社の特許を侵害する可能性は高い。多数のリサーチツール特許が出現すると、それらを集めてパテント・トロール的な活動をするものも現れる。活動の主体が研究である大学などの研究機関が当然リサーチツール特許を多数取る傾向が強まったが、それをライセンスすることができず、不良債権のように大学に残る。それらの特許を安く買い集めるパテント・トロールが容易に出現するようになる。ライフサイエンス分野においてパテント・トロールの出現の背景とその活動を明らかにすることにより、パテント・トロールに対する対策を考えることが可能となる。

第2節　アッセイ方法特許ハウジー事件

日本企業に強引にライセンス活動をしたハウジー製薬

ライフサイエンス分野でパテント・トロールに似た活動をしたのが米国のハウジー製薬である。日本では自分自身の特許が成立していないにもかかわらず、米国での特許権をもって日本のライフサイエンス企業にライセンスを強引に行う行動を行った。日本のライフサイエンス企業はこのようなライセンス活動は初めての経験であるため、その対応に混乱した。その結果、特許制度に対して不信感を醸成したことは間違いない。

ハウジー製薬*53（旧名ＩＣＴ製薬、ハウジーと略）は米国シカゴに本拠を置くバイオベンチャーである。ハウジーのホームページにはがんや糖尿病治療の医薬品開発をしているような記述がでているが、実際に研究開発活動を行っているか疑問である。保有特許のライセンスが収入源と考えられ、パテント・トロール的な活動をしているように見える。ハウジーは、動物細胞を用いるアッセイ系について米国で四つの特許（いわゆるハウジー特許）を保有している。ハウジー特許（USP 4,980,281, 5,266,464, 5,688,655 及び 5,877,007）では、ある物質が特定蛋白質（標的蛋白）の阻害因子または活性化因子であるかを検出する方法を特許請求範囲にしている。

ハウジー特許は、医薬品探索研究で用いられる薬物の生体反応を調べる基本的なリサーチツール特許であるといえる。世界の製薬企業は新規な医薬品を多数の化学物質の山の中から見出すためにハウジー特許と類似の方法を日常的に用いている。日本では特願平 1-502499 号として同じハウジー特許が出願されていたが、二〇〇〇年七月一八日拒絶理由が通知された。この拒絶査定に対する特許審判が提起されたが、審判の請求は成り立たないとの審決が二〇〇三年一二月五日出されている[*54]。したがって、ハウジー米国特許に対応する日本特許はない。

米国で獲得した特許権をもとに、ハウジーは世界各国の製薬企業にライセンス活動を行った。ハウジーの代理人となった弁護士がアメ（優先的ライセンス）とムチ（訴訟）の組み合わせで「争うより早く手を打った方が得」というライセンスを受ける側の弱みを巧みに突く活動を行った。いち早くライセンスを受けた企業には、優遇措置もとっていたようである。ハウジーのライセンス取引の強要もあって、多くの製薬関連会社がライセンス契約をした。その結果、ハウジーは合計三五社以上とライセンス契約を結んだ。同社のウエッブサイト[*55]情報によれば、日本特許が成立していないにもかかわらず日本企業でライセンス契約を結んだ企業は二三社にのぼった。

ハウジーのライセンス契約は二つのライセンス料支払い方法から選択することが提案された。ハウジー特許ライセンスの特徴は総R＆D（研究開発）費に対するライセンス料の設定があげられる。ハウジーは、企業レポートなど公表文書から明らかになるヘルスケア研究開発費をもとに支払い額を設定している。当然のことながら、ヘルスケア研究開発費の算出方法は各企業で異なり、多業種企業では医薬関連のみならず健康食品、化粧品などの研究開発費が含まれている。大部分の研究開発費はハウジー特許と直接関係ない分野で使われていることは考慮されていない。

もうひとつのライセンス対価はリーチ・スルーロイヤルティである。研究開発に用いられるリサーチツールの特許権者が、その特許権の効力を及ぼすことのできない成果物に独占的ライセンスを義務付けたり、こうした成果物の売上げに応じたロイヤルティの支払義務を課したりする行為をリーチ・スルーロイヤルティといい、そのようなライセンス形態をリーチ・スルーライセンスという。ロイヤルティの支払いを成果物の特許期間までとする場合もある。本件ではハウジー特許のスクリーニング方法を用いて見いだされた化合物が市場に出たときに、その製品の売り上げ等に応じてロイヤルティを支払うものである。ハウジー特許が直接製品に関与する特許でないことからリーチ・スルーロイヤルティの問題が生じる。いずれにしても、ハウジーと合意した日本企業二三社の大部分は一時金で解決したようである。その額は明らかにされていないが、一社平均五〇〇万円としてもハウジーは約一・二億円の一時金を稼いだと考えられる。ライセンス料を払った会社にすれば、日本特許が成立していないにもかかわらずハウジーにライセンス料を払ったことになる。自社研究の自由を確保し、訴訟リスクを未然に防止するために無駄ともいえる投資を行っている例である。これほど多く日本の製薬会社がライセンスに応じた理由は明らかでないが、日本企業の訴訟より和解を好む体質をよく表している。パテント・トロールの攻勢に一社がライセンスに応じると横並びに応じる協調性を重視したものと考えられる。

当然ながらハウジーの要求に屈しない会社もあり、それらの会社の中にはハウジーから特許侵害訴訟を提起された会社もある。訴訟の中ではバイエル訴訟が有名であり、米国デラウェア連邦地方裁判所*56と連邦巡回控訴裁判所で判断がなされている。本件は、ドイツの製薬企業であるバイエルが米国外で製造した製品を米国で輸入販売したところ、ハウジーが、35U.S.C.§271(g)*57に基づいて特許権侵害しているとして提訴した事件である。バイエルは、応訴として非侵害の確認訴訟を提起した。

二〇〇一年一〇月、米国デラウェア連邦地裁は以下の判決を下した。それによれば、ハウジー特許はスクリーニングなどの研究手段を特許請求範囲とする方法特許であり、35U.S.C.§271(g)

に規定された「製法」を請求範囲とする特許ではない。したがって、ハウジー特許は最終製品を範囲としていない*58というものである。つまり、ハウジー特許にはリーチ・スルーはできないことを判示した。さらに二〇〇三年八月、連邦巡回控訴裁判所は連邦地裁判決を支持する判決を行った*59。その中で、35U.S.C.§271(g)の立法目的は、⑴続く製造工程によって物質変換される初期の製造工程または⑵些細で非本質的な構成要件となるような製造工程、によって作られるものは考慮されていないと判示した。直接製造される物理的産物に関する製造方法だけが35U.S.C.§271(g)にいう「製法」であり、それ以前の工程であるハウジー特許の工程は35U.S.C.§271(g)の「製法」ではないということになる。バイエル対ハウジー裁判の結論として、開発初期に使われるアッセイ法特許は最終医薬品製造の製造方法とは異なるということが確立したことになる。リサーチツール特許を使ってものを同定したり、ある遺伝子を作成したりしたとしても、リサーチツール特許はその最終産物を製造するのには必要ない*60*61、と考えられる。したがって、リサーチツール特許の特許権範囲は研究、同定、試作といった研究過程に限り、製品の製造には関係ないと考えるべきであり、リサーチツール特許によるリーチ・スルーライセンスは認められない。なお、二〇〇三年一二月に米国デラウェア連邦地裁でハウジー特許を権利行使不能とする判決があった*62。先行技術を特許庁に開示していなかったこと、共同研究者がいたにもかかわらず全て自分で実験したかのように単独の発明者として特許出願したことなどから、誠実義務を果たしておらず、反衡平行為を行ったというのがその理由である。米国では、技術の開示義務に反して情報を開示せず特許を得た場合、そのような行為は反衡平行為と認定され、特許権の行使ができないとされている。本判決をもってハウジー特許を巡る問題は終息した。

第3節　核内因子NF—κB特許アリアド事件

アリアドによるNF—κB特許のライセンスと訴訟

ＮＦ—κＢの基本特許は、出願から二〇年近く経って成立した米国独特の特許審査方法に基づく特許である。ＮＦ—κＢはＭＩＴのノーベル賞研究者ボルチモアやシャープらが一九八〇年代中頃に発見した核内転写因子で、一九八六年に論文発表している*63。ＮＦ—κＢ特許は出願以来継続出願を繰り返し、長い審査の結果二〇〇二年に遺伝子転写制御を行う核内因子ＮＦ—κＢに関する米国特許6,410,516が成立した。第一特許請求範囲は、真核細胞でＮＦ—κＢ因子によって転写制御されている遺伝子の発現を阻害する方法で、その方法はＮＦ—κＢ活性の阻害から構成される。また第二〇三特許請求範囲は、動物細胞でＮＦ—κＢ因子の結合によって転写活性が活性化される遺伝子の発現を阻害する方法として、ＮＦ—κＢ結合部位に結合する核酸デコイ分子を十分量導入することにより転写阻害する方法を含む。

その後、ＮＦ－κＢ関連特許[*64]のうち基本特許は米国のアリアドというベンチャーがマサチューセッツ工科大学などの発明者から専用実施権を受けている[*65]。したがって特許面から見れば、ＮＦ－κＢ関連特許の基本部分はアリアドという米国ベンチャー企業が専用実施権を持っていることになる。

現在使われている医薬品の多くはＮＦ－κＢと関連しているとアリアドは信じている。そのため、アリアドはＮＦ－κＢ関連特許のライセンス活動を強力に推し進めた。少しでも関連のある医薬品を製造販売している会社五〇社以上にライセンスの意思を確認する手紙を送っている。しかし、誰もライセンスに興味を示さず、反応がなかった。

研究を開始する前に、用いるリサーチツールの権利関係がクリアされているか明らかにしなければならない。これを最初に行うのは研究者と知的財産関係者であり、学術あるいは特許調査に費やす努力と費用は相当なものになると推定できる。もし特許調査で権利関係がクリアされない場合、研究に必要となるリサーチツール特許のライセンスを受けるか、迂回方法を考案するか、やめるかの判断をしなければならない。リサーチツール特許のライセンス交渉が成立するまでには相当の時間がかかることがある。この間研究がストップするわけであるから、研究遅延につながる。

表 1　アリアドが保有する NF－κB 関連特許

米国特許番号	特許のタイトル	発明者
6,410,516	Nuclear Factors Associated with Transcriptional Regulation	Baltimore; Sen; Sharp; Singh; Staudt; Lebowitz; Baldwin、Jr.; Clerc; Corcoran; Baeuerle; Lenardo; Fan; Maniatis
6,388,052	NF-AT Polypeptides and Polynucleotides	Crabtree; Northrop; Ho
6,352,830	NF-AT Polypeptides and Polynucleotides and Screening Methods for Immunosuppressive Agents	Crabtree; Northrop; Ho; Flanagan
6,312,899	NF-AT Polypeptides and Polynucleotides	Crabtree; Northrop; Ho
6,197,925	NF-AT Polypeptides and Polynucleotides	Crabtree; Northrop; Ho
6,171,781	NF-AT Polypeptides and Polynucleotides	Crabtree; Northrop; Ho
6,150,099	NF-AT Polypeptides and Polynucleotides	Crabtree; Northrop; Ho
6,150,090	Nuclear Factors Associated with Transcriptional Regulation	Baltimore; Sen; Sharp; Singh; Staudt; LeBowitz; Baldwin, Jr.; Clerc; Corcoran; Baeuerle; Lenardo; Fan; Maniatis
6,096,515	NF-AT Polynucleotides	Crabtree; Northrop; Ho
5,837,840	NF-AT Polypeptides and Polynucleotides	Crabtree; Northrop
5,804,374	Nuclear Factors Associates with Transcriptional Regulation	Baltimore; Sen; Sharp; Singh; Staudt; LeBowitz; Baldwin, Jr.; Clerc; Corcoran; Baeuerle; Lenardo; Fan; Maniatis

アリアドはNF－κB関連特許のライセンスについて以下の方針を表明している。

1. 非営利研究機関の非営利目的の研究については自由に利用可能
2. 企業がスポンサーとなる研究にはライセンスが必要
3. 製薬企業及びバイオベンチャー企業の医薬品開発研究に対してライセンスを要求するが、既存の医薬品を市場から除外するようなことは求めない

この方針のもとアリアドは、NF－κB関連研究成果を学術雑誌等に公開した企業を中心にライセンス活動を積極的に行っている。二〇〇二年一一月、ブリストル・マイヤー・スクイッブと通常実施権ライセンスを行った[*66]ことが公表されている。ブリストル・マイヤー・スクイッブへのライセンス条件の特徴は、

1. 一九九八年九月に遡及したライセンス契約
2. 一時金は、契約金と毎年一定額の支払い
3. NF－κB遺伝子を用いる探索研究で見出された製品の売上げに応じたロイヤルティの支払い（リーチスルーロイヤルティライセンス）

となっており、ブリストル・マイヤー・スクイッブに相当不利となっている。なお、他のアリアド保有特許のライセンス条件をブリストル・マイヤー・スクイッブと現在交渉中のため、ライセンス料は公表されていない[*67]。

アリアドはNF—κB遺伝子特許のライセンスについて強硬な方針を持ち、すでに約五〇の企業を訴えている。アリアドは販売する製品をまだ持っていないはずなので収入のほとんどはライセンスで得たものであると考えられる。このようにアリアドのライセンスはいわゆるパテント・トロールと思われるやりかたである。

ライセンスの結果、アリアドの収入は増大し、二〇〇四年までに合計一億四七〇〇万ドルを得ている。特に二〇〇二年から二〇〇三年にかけてその収入は約一〇倍に膨らんだ。これは前述したように二〇〇二年にNF—κB特許が成立し、本格的なライセンス活動を行った結果であるといえる。

アリアドのNF—κB特許は米国特許商標庁の再審査で縮減された。米国特許商標庁はアリアドのNF—κB特許6,410,516の再審査を行った結果、二〇〇六年九月に最初の拒絶通知を発行し二〇三ある特許請求項のうち一六〇の特許請求項を無効とした[*68]。この決定を不服としてアリアドは特許商標庁に反論すると共に決定無効の訴訟を連邦地裁に提訴した。再審査の焦点は、提出された新証拠の中でＮＦ―κＢ活性阻害剤とその結果起こる遺伝子発現阻害が示されているか、ＮＦ―κＢが結合する遺伝子部位に相補的な短鎖核酸がＮＦ―κＢ活性を低下させていることを示しているかどうかである。そもそも本特許の特徴はＮＦ―κＢ活性を低下させることであるが、その作用は生体外の作用か生体内の作用も含むのか決める必要がある。またＮＦ―κＢ低下活性は間接的作用なのか直接的作用なのかも明らかにしなければならない。この問題の解決には生物の反応をそれぞれの化合物について詳細に検討しなければならないだろう。また、本発明がなされる以前からあった既知の化合物の作用機構を研究していて、ＮＦ―κＢに作用することがわかった場合にも本特許の権利が及ぶのか慎重に検討しなければならない。したがって、この再審査は簡単に終わることはないと予想される。現に二〇一〇年四月二九日にも証拠書類が提出されており、審査は継続している。

アリアドは、米国特許6,410,516が成立すると同時に二〇〇二年六月にイーライ・リリーを特許侵害で提訴し、連邦地裁で特許有効とイーライ・リリーによる侵害の判決が出された。訴訟理由は、イーライ・リリーの骨そしょう薬エビスタ（Evista）と敗血ショック治療薬ジグリス（Xigris）がＮＦ―κＢ米国特許を侵害したためとされている。アリアドによれば、当然訴訟を提起する前にライセンス交渉を行ったが、イーライ・リリーは、ライセンス交渉を無視したとしている。そのとき要求したロイヤルティは売上額の六％と言われている。エビスタの二〇〇五年売り上げが一〇・四億USドルであり、ジグリスの二〇〇五年売り上げが二・一四億USドルであるので、アリアドが要求したリーチ・スルーロイヤルティは、両製品合わせて二〇〇五年で七五〇〇万USドルに達すると推定される。

アリアドがイーライ・リリーの特許侵害を知ったのは、エビスタとジグリスがNF－κB阻害することをイーライ・リリーが学会や特許で発表したからである。しかし、イーライ・リリーがNF－κB阻害活性を指標として両医薬品を創薬したものとは考えにくい。イーライ・リリーはNF－κBの研究が公表される以前からエビスタとジグリスの研究を開始していたはずである。エビスタとジグリスの生化学的性質を販売後に調べていて、たまたまNF－κB阻害活性があることがわかったというのが真相であろう。その根拠として例えば、イーライ・リリーのエストロゲン受容体調節薬で骨そしょう症薬として販売されているエビスタがNF－κB活性阻害することがイーライ・リリー特許 WO96/40137 に記載されている。また、敗血症ショック治療薬である活性化プロテインC（商品名ジグリス）の作用メカニズムはNF－κB活性を阻害することをイーライ・リリーの研究者が論文で発表している。NF－κB関連研究成果を公表した企業を相手に、市場にある製品を特許権侵害で差し止め請求する事態は市場の混乱を増長することになりかねない。

連邦地裁は二〇〇三年五月に陪審員評決によりエビスタやジグリスのアリアドNF―κB特許6,410,516侵害を認め、イーライ・リリーによる特許無効主張を認めなかった[*69]。NF―κB特許はNF―κBのシグナル経路を阻害することによって病気の治療を行う方法を請求範囲としているため、イーライ・リリーはNF―κBを阻害する医薬品を販売することによってNF―κB特許を侵害していることになる。この結果、イーライ・リリーは、判決時までのロイヤルティとして六・五二億ドルと今後のロイヤルティとして米国売り上げに対して二・三%を支払うことが決定された[*70]。本ケースでイーライ・リリーが敗訴したことが、他の製薬会社に衝撃を与えている。特にアリアドのように自身ではNF―κB阻害剤を開発していないにもかかわらず、裁判所が単なるロイヤルティ目的でリーチ・スルーロイヤルティを認めるのは不合理であるとの意見が出されている。

二〇〇九年四月、米国連邦巡回控訴裁はNF―κB特許侵害に関する判決を行った[*71]。連邦地裁の判決を覆し、NF―κB特許は記載要件に不備があるため無効であり、イーライ・リリーの侵害はないと判断した。NF―κB特許のその他の要件については判断しなかった。すでに米国特許商標庁ではその特許請求項のうち一六〇について無効判断していて[*72]、その点についてアリアドが審判請求をすでにしているからである。NF―κB特許6,410,516ではNF―κB活性の阻害剤として特異的阻害剤、活性干渉物質とおとり物質の三種類が記載されている。一般的に特許要件としてこの三種類の化合物について詳細な記述が求められる。特異的阻害剤として有名なIκBが記載されているが、その他の二つの化合物については記載が乏しいし、明確な活性を示すデータもない。連邦巡回控訴裁の結論は、NF―κB阻害剤の詳細な記載がなく、追試困難であり、特許請求範囲を支持していないとした。

NF―κB特許の記載要件不備についてロチェスター大学事件*73の判例が引用されている。ロチェスター裁判では最終製品が記載されていないことが問題となったが、同様にNF―κB特許の場合も最終製品が記載されていない場合に当てはまり無効であるとの判決理由となっている。特にNF―κB特許6,410,516の最初の出願時である一九八九年時点で具体的なNF―κB阻害物質が記載されていないことが記載不備と判断された。しかしこの記載要件が必要であるかどうかの判断は議論の分かれるところである。

二〇〇九年八月、アリアドの中立により連邦巡回控訴裁は再審理を行った結果、二〇〇九年四月に行った判決を破棄し、再度大法廷で再審理を行うことを決定した*74。再審理の理由は、米国特許法一一二条(1)の求める記載要件の中に「実施可能要件」以外の記載要件も含まれるのかどうか、もし含まれるならその記載要件の範囲はどれくらいなのかを判断しなければならないからである。連邦巡回控訴裁での判決は二〇一〇年三月に行われた[*75]。それによれば、連邦巡回控訴裁大法廷の再度の審理でも前回と同様記載要件不備によりNF－κB特許6,410,516の一〇〇以上ある請求項の多くは無効であるということが九対二の評決で判断された。

今回の連邦巡回控訴裁のNF－κB特許無効判決をバイオ情報処理学者であるザルツベルグは大歓迎している[*76]。ヒト遺伝子の特許化に反対する立場のザルツベルグは、NF－κBは多くの遺伝子発現に重要な役割を果たす因子であるため、多くの医薬品は何らかの形でNF－κBと関連性を持つのは当然であるとしている。その証拠にNF－κB関連文献数は三万以上に及ぶことが知られている。これほど広範囲に影響する因子に対する特許を取得し独占することは、NF－κB研究の阻害要因でしかない。特許による独占は科学の進歩を遅らせる。

アリアドはアムジェンもNF－κB特許侵害で訴えた。アムジェンはNF－κBの関係する製品として完全ヒト化した抗腫瘍壊死因子抗体薬品エンブレル（Enbrel、二〇〇五年売り上げ二六億ドル）とインターロイキン1受容体のアンタゴニスト薬品キネレット（Kineret）を持っている。アリアドは、エンブレルやキネレットがNF－κB遺伝子特許を侵害しているとしてアムジェンに対するライセンス活動を活発化していた。二〇〇六年、対抗処置としてアムジェンはアリアドの持つＮＦ－κＢ遺伝子特許 USP6,410,516 の特許無効とエンブレルやキネレットの非侵害を連邦地方裁に訴えた[*77][*78]。アリアドからエンブレルとキネレットに対するライセンス要求を未然に防ぐための措置である。二〇〇七年、これに対抗してアリアドは特許侵害でアムジェンと米国製薬会社ワイスを訴えた[*79]。連邦地裁は、エンブレルはアリアドのＮＦ－κＢ特許を侵害していないとの略式判決を二〇〇八年に出した[*80]が、アリアドは連邦巡回控訴裁に上訴した[*81]。

二〇〇九年六月に出された連邦巡回控訴裁の判決は連邦地裁の判決を支持し、「ＮＦ－κＢ活性の低下は細胞内での現象」に限られると特許無効判決を行った[*82]。その結果、アムジェンのエンブレルはアリアド特許を侵害していないことになった[*83]。ＮＦ－κＢ特許 USP6,410,516 に含まれる二〇三の特許請求範囲のほとんどは細胞内のＮＦ－κＢ活性の活性化か阻害化に関与するものである。なぜならＮＦ－κＢは細胞内でその活性を示す蛋白因子であるからである。連邦巡回控訴裁ではこの「細胞内」での活性という点に着目した連邦地裁の判断を支持した。ＮＦ－κＢ遺伝子特許 USP6,410,516 には細胞内でＮＦ－κＢに作用する阻害剤は多く記載されているが、細胞膜外からＮＦ－κＢに作用する物質は記載されていない。アムジェンのエンブレルは細胞膜外でＴＮＦ－α因子を阻害する物質であることから、本特許の請求範囲にないと結論づけた。

生命の基本反応に関わるＮＦ－κＢ特許の活用のありかた

ＮＦ－κＢは細胞外の多くの刺激を細胞内シグナルとして核に伝達し、刺激に反応するＤＮＡの転写を起こさせる最も重要な因子である。そういう意味からすると、ＮＦ－κＢ特許は生命の基本となる反応に対する特許である。ＮＦ－κＢが関連する反応は多数存在し、アリアドのライセンス戦略によって重大な影響を受ける研究が多い。ライセンスが受けられずにＮＦ－κＢを含む研究開発が停滞している。

細胞外の刺激因子と膜上のレセプターの相互作用を研究し、リセプターに作用し細胞外刺激を遮断する新しい化合物を見つけるのは医薬品探索研究でよく行われる方法である。目的とする化合物の作用メカニズム研究を行ってみるとその化合物が細胞内因子ＮＦ－κＢを阻害していたという事例は学会などで多数発表されている。また、他の作用メカニズムを持つ医薬品として開発し、後に詳しくその作用メカニズムを研究したらＮＦ－κＢ阻害であったという例もある。推定によれば、約三〇〇種類のＮＦ－κＢに影響される遺伝子があり、約二〇〇種類の市販医薬品が直接的あるいは間接的ＮＦ－κＢシグナル経路阻害剤であるとされている。

このように生体反応の基本となるＮＦ－κＢが特定企業に独占されると学術研究が停滞するのみならず、製薬企業の研究開発活動にも多大な影響を与える。ＮＦ－κＢ関連研究成果を公表した企業を相手に、市場の製品を特許権侵害で差し止め請求するリーチ・スルー活動は、混乱を増長し、市場に出ている医薬品をコントロールする状態になりかねない。したがってNF－κB特許などの基本特許について、いままでの特許法と異なる考え方が必要と考える。米国におけるNF－κB特許を巡る裁判での議論でも新たな仕組みを示唆している。しかし、新たな仕組みは裁判でできるものではなく、新たな法律に期待することになる。

第4節　がんマウス特許浜松医大事件

リサーチツール動物特許による公共研究機関での実験の禁止請求

リサーチツールである実験動物特許の侵害を日本の裁判で初めて審議したのは、二〇〇二年一〇月一〇日に東京高裁で判決のあった特許権侵害差止請求事件*[84]である。下級審の東京地裁では原告敗訴の判決が出ている*[85]。原告はアンチキャンサーという米国のバイオベンチャーで、特許第2,664,261号〝ヒト疾患に対するモデル動物〟を持っている。がん疾患に対する医薬品を開発する際、患者に開発中の化合物を直接投与して試すわけにはいかない。必ず動物モデルを用いた実験でその効果を確認する必要がある。動物モデルはヒトのがん疾患にできるだけ似ていることが望ましく、多くの工夫されたヒトがんモデル動物が開発されている。被告は国立大学である浜松医科大学であり、がん患者から分離したがん組織をヌードマウスという免疫不全マウスに移植し、がん細胞を生育・維持させたモデル動物系を持っている。この実験系はがん研究を行う研究機関で広く使われている系である。一方原告のアンチキャンサーはがん研究関連のリサーチツール開発と販売を行うベンチャーであり、その主たる製品・技術は、メタマウスと呼ばれるがん転移モデルとオンコブライトと呼ばれる蛍光蛋白導入方法である[*86]。

この事件は、被告の浜松医科大学などの国立大学や研究機関において特許記載の実験動物の使用の禁止を求めたものである。さらに、浜松医科大学に制がん活性のある化合物を評価用に供給していた製薬会社三社に対し、試料供給の差止めを求めた。争点は以下の通りである。

1. 被告が実験に使用しているマウスが本特許発明の技術的範囲に属しているか。もし属しているなら被告マウスをリサーチツールとして使用して実験を行うことは特許権を侵害するか
2. 被告製薬会社三社は本特許権の侵害に関与するか
3. 被告の行為は特許法第六九条第一項にいう「試験又は研究のためにする特許発明の実施」にあたるかどうか

特許第2,664,261号の特徴は、「ヒト腫瘍疾患の転移に対する非ヒトモデル動物であって、動物の相当する器官中へ移植された脳以外のヒト器官から得られた腫瘍組織塊を有し、移植された腫

瘍組織を増殖及び転移させるに足る免疫欠損を有するモデル動物」ということでヒトがんを移植したヌードマウス実験系を特許請求範囲としている点にあり、いわゆるリサーチツール動物ということができる。本来このような実験動物は実験室で使用されるため、その使用は公になることがないが、今回は公立の研究機関である浜松医科大学であったことから、一般に知られることとなった。

本特許の第二の構成要件にある「前記動物が前記動物の相当する器官中へ移植された脳以外のヒト器官から得られた腫瘍組織塊を有し……」に被告の実験マウスがあてはまるかどうかであった。判決では、「ヒト器官から得られた腫瘍組織塊」は、ヒトの器官から採取した腫瘍組織塊そのままのものをいい、ヌードマウスの皮下で植え継がれてきた腫瘍組織塊を含まないという理由で、被告マウスは、「ヒト器官から得られた腫瘍組織塊を有しない」ものという判断がなされた。

争点の一つは、被告の行為が特許法第六九条第一項にいう「試験又は研究のためにする特許発明の実施」に当たるかどうかという点であったが、東京地裁、東京高裁ともに判断は下さなかった。浜松医科大学の主張として、浜松医科大学の行う実験は純粋に研究活動の一環であるので、特許権者に経済的な不利益を与えるものでなく、特許権の侵害に当たらないとした。また、浜松医科大学の行為は医学研究者としての当然の責務であり、広く社会的貢献を行っているものであると社会性を強調している。「医学理論の確立を図っていく研究の中には、特許権の侵害の概念は入り込む余地はない」と主張し、試験・研究のためにする特許発明の実施は例外であると主張した。

この主張に対する反論としてアンチキャンサーは、製薬会社の関与がある限り浜松医科大学の実験は製薬会社の行う医薬品開発と同じであるとしている。浜松医科大学の実験を「試験研究の名で許せば、効果確認のための実験動物に対する発明は、特許によって全く保護されない」と訴えた。東京高裁は特許法第六九条第一項の「試験又は研究のためにする特許発明の実施」に対する判断を行わなかった。おそらく、争点であった侵害行為が認められないとして、試験・研究に対する判断をしなかったものと考えられる。

この事件では、がん研究分野で重要なリサーチツールであるヒトがんヌードマウスモデル動物について、モデル動物の特許権者が、ヒトがんモデル動物系を独占しようとして、国立大学の研究行為を訴えた点が問題として提起された。すなわち、リサーチツールの特許権を日本で初めて権利行使をした点と、公立の研究所の研究活動が特許法六九条第一項の試験・研究に該当しないと主張して特許権行使した点である。さらに、従来から多くの研究機関において長年にわたり使用されてきたヒトがんヌードマウス移植系にまでアンチキャンサーは拡大して権利主張したこと、その研究に試料提供・共同研究などの協力をした企業までも訴えられたことが新しい問題提起である。

研究者側からすれば、リサーチツール特許の存在を知らずに、文献を参考に自由に自己開発した行為で、自分自身の試験・研究行為まで特許権侵害で訴えられることになり、国立大学までも特許訴訟に巻き込まれて自由な研究が阻害されるという事例となった。このままでは、今後、このようなリサーチツール特許権を巡る訴訟が増加することが予想され、リサーチツールを使う場合、それが他人の特許に抵触しているかどうかの確認・判断が大学などでも研究を行う前に必須になる事態が起こりえる。

アンチキャンサーの提起した問題は、ライフサイエンスの知的財産権を扱う関係者、特に産学連携の中で研究活動を行う学術セクターと産業化を推進する産業セクターへの影響は深刻であった。いままで特許侵害とは無関係であった学術研究活動を特許侵害で訴えられた学術セクターにとっては、事件の対象である腫瘍モデル動物は大学などで日常的に使われる道具（いわゆるリサーチツール）であることからも影響が大きかった。通常大学などでの研究では学術論文に記載されている方法を再現して研究を行うが、その論文記載の方法が特許権を持っているかどうかには全く関心を持つことがなかった。もし特許権のある方法であっても大学などの非営利研究での使用には特許権が及ばないと考える研究者がほとんどである。

この事件をきっかけとして、リサーチツール特許の取り扱いについて新たなルール作りが行われた。しかし、特許法第六九条第一項の「試験又は研究のためにする特許発明の実施」に対する判断は行なわれていない。この点はリサーチツールの取り扱いに重大な影響を与えると考えられるが、問題は今後に持ち越されたことになる。

第5節　ケモカイン受容体ＣＣＲ5特許事件

ケモカイン受容体ＣＣＲ5をリサーチツールとして用いた小野薬品に対する訴訟*[87]

ヒューマンゲノムサイエンス（ＨＧＳと略）の持つＣＣＲ５遺伝子の米国特許*[88]の特許請求範囲は、細胞膜を貫通した状態で細胞膜上に存在するケモカインレセプターHDGNR10の遺伝子配列となっている。ＨＧＳは、ケモカインレセプターHDGNR10は他のケモカインの性質から類推して、免疫反応、感染防御に関与すると推測したのみで、ＨＩＶ感染との関連は全く記述していない。一九九五年末、ＮＩＨでＡＩＤＳ研究を行っていたロバート・ガロらが、ケモカインがＨＩＶウイルス感染を阻害することを報告した。この発表に続いて一九九六年ケモカイン受容体（ＣＣＲ５）がＨＩＶ感染を助ける因子であると発表された。さらに、同年ベルギーのユーロスクリーンが、ＣＣＲ５蛋白質の同定を報告した*[89]。ユーロスクリーンは、ＣＣＲ５全長アミノ酸配列と薬理学的性質を含んだ基本特許（USP6,448,375）を取得した。また本特許にはＨ

ＩＶウイルスの接着に必要なＣＣＲ５部位の変異体（delta32）も含まれる。

ユーロスクリーンは、ＣＣＲ５関連特許と技術についてファイザーに非独占的実施権を与えている。ファイザーはＣＣＲ５阻害剤マラビロック（UK－427,857）の条件付承認を二〇〇七年に、完全承認を二〇〇八年一一月に得ており、セルゼントリ（Selzentry）という商品名で新型抗エイズ薬として販売している[*90]。

重要な点は、本特許が初めてＣＣＲ５とＨＩＶウイルス接着の関係を明らかにしたことにある。この発見により、ＣＣＲ５遺伝子産物である受容体の阻害剤、抗体の開発が盛んになり、約六〇〇件のＣＣＲ５遺伝子関連米国特許出願がなされた。

日本では武田薬品工業が鹿児島大学と共同でＣＣＲ５阻害剤ＴＡＫ－７７９[*91]を、小野薬品が熊本大学と共同でＣＣＲ５阻害剤Ｅ９１３[*92]を開発した。しかし、機能推定が異なるにしろＨＧＳがこの遺伝子そのものの特許を持っており、権利行使を行うと表明したために、研究者の間で混乱を招いた。ＨＧＳは公的研究目的には権利行使しないと表明はしているものの、営利研究には権利行使がありえると表明している。ＨＧＳは、すでにＣＣＲ５遺伝子特許を武田薬品工業などにライセンスしていたため、その他六社からのライセンス要求を拒否した。このためプロジェニックスなどが、エイズ治療薬開発目的のＣＣＲ５阻害剤開発を中断したといわれている。

ユーロスクリーンは二〇〇六年八月、ケモカイン受容体CCR5特許侵害で小野薬品を大阪地裁に訴えた[93]。ユーロスクリーンはCCR5について日本の基本特許3,288,384を持っている。また、ユーロスクリーンは二〇〇八年九月現在、前臨床終了段階にあるCCR5受容体作動薬ESN-196を持っている[94]。また、本特許に関連する特許をいくつかの製薬会社にライセンスしている。

小野薬品は、遅くとも一九九九年一二月頃から数年間に渡り、ケモカイン受容体CCR5をリサーチツールとして使用し阻害剤のスクリーニングを行っていた。その結果、小野薬品はCCR5阻害剤としてAK-602を創製したが、二〇〇三年一月にその化合物をグラクソスミスクラインン（GSKと略）へライセンスした。しかし、二〇〇五年一〇月の発表によれば、AK-602の第Ⅲ相臨床試験の患者エントリーを中止され、開発は中断した[95]。

小野薬品の特許侵害事項として、CCR5蛋白質の生産を行い、かつその過程で本件DNAの増幅、精製及び単離、本件DNAを含むDNAベクターの生産を行ったこと、このDNAベクターによって安定的に形質転換された宿主細胞を作成したこと、及びCCR5の精製及び単離を行ったこととされている。これらの侵害に対する証拠として、小野薬品の特許出願にかかる公開公報または小野薬品の研究員が発表した論文等が提出された。ユーロスクリーンは小野薬品の研究成果物の破棄と損害賠償として一六億円を要求した。一六億円の根拠は、小野薬品がＧＳＫからライセンスの一時金として一〇億円を受け取っていることから算出している。

小野薬品は研究開始当時からユーロスクリーンとライセンス交渉をしていたが、両者のライセンス額の考え方が異なるため交渉は決裂し、裁判になった。ユーロスクリーンの要求額数億円と小野薬品の提示額数百万円との溝が埋まらなかった。ユーロスクリーンと小野薬品の特許侵害訴訟の大阪地裁判決が二〇〇八年一〇月にあり、ユーロスクリーンが敗訴した[*96]。判断されたのは、(1)特許の新規性欠如の有無、(2)優先権主張の可否であった。

特許庁作成の特許・実用新案審査基準（第Ⅶ部）第2章生物関連発明には「遺伝子の特定の機能を発明の詳細な説明に記載する必要がある」との要件がある。平成七年一二月二〇日ユーロスクリーン出願特許では、ＣＣＲ５遺伝子の塩基配列やそれからわかるアミノ酸配列、遺伝子を含むベクターなどは詳細に記載されているが、ＣＣＲ５に結合するリガンドについての記載はないので、審査基準要件を満たさないことになり産業上の利用可能性または実施可能性要件が明らかにされていないことになる。アミノ酸配列の相同性のみによる推定によってその機能を特定しているということは困難であると結論付けている。数種類のケモカインを、リガンドの候補となる可能性があると指摘しただけでは、リガンドを特定したことにはならず、実際の結合を確認した場合にのみ初めてリガンドを特定したことになるとしている。

新規性あるいは有効性について判決は次のように述べている。平成八年三月一九日発行の文献ではCCR5のアゴニストとしてMIP-1α、MIP-1β、RANTESが特定され、MIP-1αがあることが報告されている。平成八年三月二九日発行文献でも、CCR5に対応するケモカインとしてMIP-1α、MIP-1β、RANTESが記載されている。したがって本関連特許は新規性もしくは進歩性がなく特許は無効であるとして、ユーロスクリーンの主張は棄却された。本特許はCCR5遺伝子とその生成物に関する特許であるが、小野薬品がそれを阻害剤探索のスクリーニングに用いてきた点についてはは争点とならなかった。つまりリサーチツールとして使われたにも関わらず特許法第六九条第一項にいう「試験又は研究」の例外を小野薬品は主張しなかったし、それについて裁判で判断されることはなかった。

ユーロスクリーンの訴状によれば、日本において訴えられたのは小野薬品のみで、ライセンシーであるGSKは訴えられていない。ユーロスクリーンが小野を訴えてGSKを訴えないのは、ユーロスクリーン特許がリサーチツール特許であることを強く認識しているからと考えられる。つまり、医薬用化合物のスクリーニングの段階での侵害であり、製品製造段階ではないと考えるからである。このことは訴訟におけるユーロスクリーンの次の主張によく表れている。ユーロスクリーンは、「CCR5遺伝子等を使用して行う一連のスクリーニング実験に限られるのであり、これ以外の用途は存在しない。」ということから、実験以外の使用を想定していない。また、小野薬品のライセンシーであるGSKを訴えていないのは、GSKがスクリーニング実験を行っていないので侵害行為はないと判断したためである。しかしながら、損害賠償金を一六億円としたのは明らかに製品の評価を算定に取り入れたもので、リーチ・スルーロイヤルティを狙ったものといわざるを得ない。リサーチツールの損害賠償ならば小野薬品の最初のライセンス提示額五〇〇〇万円で十分ではないかと思われる。小野薬品は特許無効判断に自信があったため、特許法第六九条第一項の「試験又は研究のためにする特許発明の実施」を主張するまでもないと判断したのだろう。

多くの企業がユーロスクリーンの報告を契機に新しいメカニズムの抗エイズ薬の標的蛋白質としてこの遺伝子産物の受容体を選び、このレセプター阻害剤あるいは受容体に結合する抗体などの開発に乗り出した。医薬品探索研究における標的蛋白質というのは、新規化合物スクリーニングをする際に使われる生物活性アッセイ系の中心となる構成要素で、対象疾患と関連した蛋白質などの標的をいう。生物学研究で同定された標的蛋白質に対する活性物質が医薬品の候補となり、動物試験、臨床試験で安全性と有効性が試験される。標的蛋白質としての機能推定が異なるにしろＨＧＳがこの遺伝子の特許を持っており、権利行使を行うと表明したために、研究活動に混乱を招いた。ユーロスクリーンと小野薬品の特許訴訟も問題を大きくした。ＣＣＲ５に関連する特許の問題点としては、明確な機能の記述がなく、あるいは相同性だけに基づいて機能推定された遺伝子特許が初期に成立したことである。しかし、実際のＣＣＲ５研究は、ＣＣＲ５特許の請求範囲にない機能を使ってエイズ感染症研究という分野で一九九六年以降発展してきた。したがって、たとえ同じ遺伝子であっても異なる機能について行っている研究をＣＣＲ５特許によって中断させることは、科学の発展にとって大きな問題を孕んでいる。

第6節　リサーチツール特許問題の残したもの

スクリーニング特許は「使用方法」の発明である

ハウジー特許のライセンス問題は日本の製薬業界に大きな課題を残した。そのひとつはリーチ・スルーライセンスの方法である。ハウジー特許の方法をリサーチツールとして医薬用化合物のスクリーニングに用いた場合、スクリーニングで見いだされその後医薬品として開発された最終産物を拘束できるかどうかという、いわゆるリーチ・スルーロイヤルティ問題である。

米国のバイエル対ハウジー判決[*97]で示されたように、リサーチツール特許を使ってものを同定したり、ある遺伝子を作製したりしたとしても、リサーチツール特許はその最終産物を製造するのに効力が及ばないとした。リサーチツール特許の特許権範囲は研究、同定、作製といった研究開発活動に限られ、作製された製品の製造には関係ない。その結果、リサーチツール特許は最終産物を拘束しないので、最終産物からロイヤルティをとる根拠はない。リサーチツール特許ライセンスの考え方は探索研究コストに基づくべきである。リサーチツール特許の研究開発への寄与率を想定し、それによって利益を分割するのが合理的である。

ハウジー特許に対する米国連邦地裁判決は、リサーチツールライセンスで最近よく見られるリーチ・スルーロイヤルティ問題に、反トラスト法あるいは特許権濫用の観点から裁判所が最初に判断を下した事例であり、今後のこの種の問題について解決の根拠を与えたことになる。ライセンス条件にもよるが、特許請求範囲を越える特許権者の要求は非合理的であるといえる。

ハウジー特許ライセンスはライフサイエンス分野のパテント・トロール問題として日本の企業にも大きな影響を及ぼした。多くの会社がライセンスを受けた理由として、日本にリサーチツール特許に対する明確な方針がなかったことがあげられる。国の基本的な対処方針が広く浸透していればこのような事態にはならなかったと思われる。強い指導性がないため、集団心理として一方向に流されてしまった結果である。幸いこの事件のあと日本ではリサーチツール特許に対するガイドライン*98が総合科学技術会議から発表されたので、今後ハウジー事件のようなことが起こる可能性は少ないと思われる。

遺伝子特許に含まれるスクリーニング方法のクレームは「使用方法」に属するのか「物の製造方法」に属するのかが大きな問題となる。本課題についてカリクレイン事件の判決では裁判所の考え方を以下のように示している。すなわち、「使用方法」の発明では、特許権者は、業として特許発明の方法を使用する者に対し、その方法を使用する行為の差し止めを請求することができる。しかし、「使用方法」の発明は物を生産する方法の発明と認めることはできないので「物の製造方法」特許と同様の効力を認めることはできない。カリクレイン事件判決では、「生理活性物質測定法」とする特許権[*99]の第一請求項には、カリクレイン生成阻害機能の測定法が記載されているから、本特許が「物の製造方法」の発明ではなく「使用方法」の発明であると判示された[*100]。したがって、スクリーニング特許のようなリサーチツール特許は「使用方法」に属し、最終製品には権利が及ばないという見方が一般的であり、「物の製造方法」特許と同様の効力は持たず差し止め請求権もないと考えられる。いわゆるリーチ・スルーロイヤルティも認めるべきでないというのが一般に認識された考えである。

第7節　炭疽菌治療薬シプロ供給と公共の利益

米国バイ・ドール法マーチ・イン条項における「公共の利益」の判断

二〇〇一年米国の炭疽菌テロに端を発した炭疽菌治療薬シプロの供給問題は、米国の国家的危機状態において公衆衛生の保護を優先するか特許権保護を優先するかの判断を求められることになった。その結果は、ぎりぎりの攻防によりどちらでもない第三の可能性に落ち着き、二者択一にはならなかった。すなわち、シプロ供給の根本問題はシプロの必要量は正しかったか、さらに製造業者であるドイツのバイエルが米国の要求する量を供給できるかどうかにあったが、結局バイエルは米国の要求量を供給できたので問題は解決した。シプロのケースはそのように第三の選択肢があったが、真に二者択一を迫られた場合どのように対処するのであろうか？　国家の緊急事態に備えてどのような条件が整えば国家は私権である特許権を制限し、それを強制的に使えるのかということを考えておく必要がある。

米国には強制実施権を定めた一般的な法律はないが、政府資金を用いて行った研究開発の成果の取り扱いを定めたバイ・ドール法にはマーチ・イン条項*[101]（介入権）と呼ばれる条項があり、資金提供者である連邦政府の権利が留保されている。バイ・ドール法マーチ・イン条項発動を求めた事案は、ライフサイエンス分野で最近二件報告され、マーチ・イン条項発動の条件が検討されているが、結果的には二件とも発動されなかった。そこで、特にライフサイエンス分野の最近の事例について検討を加え、ライフサイエンス分野でマーチ・イン条項発動に責任のある研究資金提供機関である米国国立衛生研究所（ＮＩＨ）がどのような課題について、どのようにしてマーチ・イン条項発動の要件とプロセスの検討を行い、どのような判断をしたかは興味あるところである。

米国バイ・ドール法の基本的な考え方では、国民の税金である政府資金の援助によってなされた研究の成果に対して、更に国民が金を支払うのは税金の二重払い禁止の原則に反しているというのが一般的に受け入れられやすい主張である。しかし、マーチ・イン条項の実際の運用において、政府資金援助によって特許化・製品化された医薬品の価格問題を政府が強制的にコントロールすることは行き過ぎであるというのが米国政府機関、特にＮＩＨの見解である。製品の価格は市場メカニズムによって決まるものであり政府が決めるものではないというのがその理由とされている。もし、医薬品価格に外国との格差がある場合などにおいて、それを解決するのは立法機関としての議会の役割であり、行政が決められる問題ではないと考えている。バイ・ドール法においてマーチ・イン条項の発動条件として価格上昇による医薬品アクセスの制限は含まれないという結論になる。

日本においても「日本版バイ・ドール法」が制定され、その中でマーチ・イン条項と似た公共の利益のために国に無償の特許利用権があることが記載されている。すなわち、日本版バイ・ドール法である産業活力再生特別措置法第三〇条には、「国が公共の利益のために特に必要があるとしてその理由を明らかにして求める場合には、無償で当該特許権等を利用する権利を国に許諾することを受託者が約することと」なっており、更にその第三項には、「当該特許権等を相当期間活用していないと認められ、かつ、当該特許権等を相当期間活用していないことについて正当な理由が認められない場合において、国が当該特許権等の活用を促進するために特に必要があるとしてその理由を明らかにして求めるときは、当該特許権等を利用する権利を第三者に許諾することを受託者が約すること」と規定している。公共の利益のための強制実施権を定めた特許法第九三条と比較することにより、いまだかつて発動されたことのない日本版バイ・ドール法第三〇条と特許法第九三条発動の要件とプロセスを検討する必要がある。

第8節　公共の利益とバイ・ドール法マーチ・イン条項

バイ・ドール法マーチ・イン条項とは

米国の産学連携を促進する法律であるバイ・ドール法は、政府機関から資金援助を受けた研究の特許化を奨励することにより産業界へのライセンスを促進し、産業を発展させることを目的として作られた法律である。バイ・ドール法では資金提供政府機関がある程度の権利を留保している。その背景には、公的資金によってなされた研究の成果である特許が私企業にライセンスされ独占的に活用される際、権利行使の行き過ぎを是正し、公共の利益のために使用する場合は、政府機関が介入するためである。そのひとつがマーチ・イン条項である。マーチ・イン条項とは、資金提供政府機関から資金を受けた特許権者あるいはそのライセンスを受けたものに対して、公共の利益の観点からその特許を合理的な条件で希望者に強制的にライセンスさせることができる権利である。資金提供政府機関がそのマーチ・イン条項を行使するには次の要件を満たさなければばならない。

1. 特許権者あるいはそのライセンスを受けたものが、一定の期間内にその特許を実際に応用するかたちまで完成させなかったとき
2. 特許権者あるいはそのライセンスを受けたものが健康や安全に必要なものを満足させることができないとき
3. 法律によって規定された公共使用に必要なときで、特許権者あるいはそのライセンスを受けたものによって満足させられないとき
4. ライセンスを受けたものが契約の延長をできなかったとき、あるいは契約違反があるとき

米国のライフサイエンス研究の主な研究資金提供政府機関は、厚生労働省（DHHSと略）が管轄する機関であるNIHである。NIHはライフサイエンス研究の政策を策定し実行している。有名な取り組みではヒト遺伝子治療指針がある。またNIHは研究を行う上で起こるさまざまな知的財産問題の解決にガイドラインなどの策定を行っている。たとえばがんマウス特許をめぐる特許紛争解決のためのガイドラインや研究材料の研究者間の移転を取り決めた物質移転契約（M

TAと略）策定も重要な政策である。

NIHが広くライフサイエンス研究資金を提供しているので、ライフサイエンス研究の中で起こる特許権に関する判断も通常NIHが行う。この場合、利害関係者の請願によってはじめてNIHがマーチ・イン条項行使の検討を開始する。特許権者あるいは専用実施権者の意向がより独占的に傾いたときそれを引き戻す役割を担っている。しかしながら、結果的に政府機関が特許独占権を使った商業化活動を制限することになるので、本条項の発動には慎重な対応とバランスの取れた判断が求められる。その主たる判断基準は公共の利益についての考え方である。バイ・ドール法35U.S.C.§200にマーチ・イン条項の目的が記載され、その中で公共の利益については以下のようになっている。

1. 大学など非営利研究機関やベンチャーの研究によってなされた発明が産業の場において事業と自由競争のために利用されることを明確にする
2. 米国内でなされた発明を商業化し米国民への還元を促進する
3. 発明が未使用のまま放置されたり不合理な使用をされたりした場合、政府が公共のためにその発明を使用する権利を明確に確保できるようにする主たる目的は産学連携の促進であるが、3に記載されているように政府による強制実施権としての性格を持っている。つまり国民の税金でなされた研究の成果は国民に還元するのが基本であり、国民の二重の負担をなくするという基本原則を示していると思われる。

マーチ・イン条項発動の条件となっているバイ・ドール法35U.S.C.§203(1)(a)にある発明の「実質的な応用」の解釈が問題の中心となる場合が多い。なぜなら、「実質的な応用」がマーチ・イン条項発動の引き金となるからである。バイ・ドール法35U.S.C.§201(f)にはこの「実質的な応用」について、製品に関する特許の場合はその製造・商品化を意味し、プロセスや方法特許の場合はその実行を意味し、機械やシステムの場合はそれを動かすことであり、そのような活用の中で当該発明が利用され、法律や規制の範囲で活用効果が合理的な状態で公共にもたらされた状態であると解釈されている。

第9節　マーチ・イン条項とセルプロ血液幹細胞採取方法事件

セルプロの血液幹細胞採取方法を巡るマーチ・イン条項の発動検討

過去にＮＩＨがマーチ・イン条項を発動した例はないが、米国シアトルのバイオベンチャーであるセルプロの発動要請について検討し、発動しないとの結論を得ている。また、アボットの抗エイズ薬ノルビア（Norvir）の価格問題について発動請願があり検討されたが、これも発動しないとの結論を得ている。二〇一〇年には遺伝疾患の一つであるファブリー症治療薬ファブリザイム（Fabrazyme）の供給不足問題について三人のファブリー症患者が米国厚生労働省にマーチ・イン条項の発動を請願している[*102]。以下にマーチ・イン条項発動について先の二つのケースを詳細に報告し、ＮＩＨの判断プロセスを概観したい。

一九九七年三月、セルプロは厚生労働省に請願書を提出し、バイ・ドール法に基づくマーチ・イン条項の実施を求め、競合するバクスターヘルスケア（以下バクスターと略）の持つ特許の実施権を強制的にセルプロに付与するように求めた。セルプロは血液から血液幹細胞を採取する装置セプレート（Ceprate）ＳＣをＦＤＡの認可を受けて販売していた。セルプロの装置は血液幹細胞の採取ができる米国で唯一の販売製品であった。一方バクスターはジョンズ・ホプキンス大から二つの特許*[103]のライセンスを受けて製作した血液幹細胞分離装置アイソレックス（Isolex）３００を開発していた。バクスターとジョンズ・ホプキンス大はセルプロ装置がジョンズ・ホプキンス大特許を侵害しているとして連邦地裁に提訴し、判決ではセルプロに侵害行為が認められるとの判決がなされた。セルプロは控訴したが、連邦巡回控訴裁は地裁判決を支持し、逆に、意図的な侵害行為であると認定され七〇〇万ドルの三倍賠償を命じられた。しかし、セルプロの血液幹細胞分離装置は、バクスターの新装置が市場で発売されがん患者が使えるようになるまで販売できると判示した。

セルプロは、バイ・ドール法の起草者であるバイ上院議員とカトラー上院議員の助けをかりて、厚生労働省に、バイ・ドール法のマーチ・イン条項 35U.S.C.§203(1)(a) と (b) に基づいてジョンズ・ホプキンス大特許をセルプロも強制実施できるように請願した。逆に、ジョンズ・ホプキンス大とバクスターはケネディ上院議員やがん学会を動員して、強制実施は民間の投資意欲をなくし、経済を停滞させるとして強制実施反対を表明した。

一九九七年八月のＮＩＨの発表によれば、ＮＩＨ長官はセルプロが要求したマーチ・イン条項に基づく強制実施権の発動を拒否し、ジョンズ・ホプキンス大特許のセルプロへの強制ライセンスを否定した。ＮＩＨ長官の発表では*[104]、「ＮＩＨがマーチ・イン条項を発動するかどうかを判断するためにＮＩＨが優先的に考えなければならないのは患者の治療に対してどのような影響があるかである。セルプロのケースでは、少なくともバクスターの分離装置がＦＤＡの認可を受けて治療に使われるまでセルプロの分離装置を治療に使うことが裁判所によって認められているので、患者にとっては幹細胞分離装置を使う治療になんら不自由なことはない。」と結論づけている。

結果として、セルプロはマーチ・イン条項発動の請願を一九九八年九月二八日に取り下げざるをえなくなった。セルプロは血液幹細胞採取装置セプレートＳＣのビジネスを継続することができず破産した。ネクセルというベンチャーがセルプロのすべての権利を買い取り、血液幹細胞採取装置事業を継続した。更にバクスターから同様の権利を買い取り、ＦＤＡ承認を得て、バクスターの開発した装置も市場導入した。

バクスターの開発・市場導入努力は合理的期間に誠実な方法で行われたか、すなわち「実質的な応用」の解釈についてはＮＩＨで議論がなされた。ＮＩＨがマーチ・イン条項発動を検討するためにはいくつかの事実を明らかにし、その争点がマーチ・イン条項の条件に合致するかどうか判断しなければならない。第一の争点は、ＮＩＨの資金援助を受けジョンズ・ホプキンス大学でなされた発明がバクスターによって「実質的な応用」が遅滞なく実行されたかどうかである。一九八四年に発明され一九八七年に特許化された幹細胞分離方法は、最初ベクトン・ディッケンソンにライセンスされ、後にバクスターにサブライセンスされた。一九九一年からバクスターは幹細胞分離装置の臨床試験を行い、一九九五年にヨーロッパで承認を受けた。一九九七年にバクスターは本装置の申請をＦＤＡに行った。

バクスターの装置は臨床試験を行った医療機関では継続して使われており、ＦＤＡの認可を得るための臨床データを集積している。このような事実からＮＩＨは、ジョンズ・ホプキンス大学とバクスターはその発明に基づく装置の実用化を誠実に行っており、ジョンズ・ホプキンス大学とバクスターの行っている開発は法律あるいはＦＤＡ規則に決められた条件に合致していると結論付けた。ジョンズ・ホプキンス大学とバクスターが遅滞なく本特許の実際の活用に向けた過程を進んでいるとＮＩＨは判断した。

セルプロの血液幹細胞採取装置セプレートＳＣはバクスター装置アイソレックス３００より優れていて患者の健康あるいは安全上必要なものかどうかの判断もされた。血液分離装置が幹細胞移植率向上や生存率の向上に貢献したという確実なデータをセルプロはＦＤＡに提供していないので、どちらの会社の装置がより優れているか明確ではないとの結論になった。

セルプロ製品を失う可能性と新しい医療発明の実用化の機会を失う可能性の間のバランスについて判断もなされている。連邦政府の資金によって研究・開発された発明を民間に引き渡し、開発・具現化し販売させることがバイ・ドール法の基本であり、本質であると認識されている。民間ライフサイエンス産業の発展の結果、健康福祉が向上し、公共の利益になることは明らかである。ある特定の企業に利益をもたらす強制力を行使すれば、連邦政府の資金で行われる医学研究成果の具現化に対する民間の投資意欲を減退させることになる。新しい有用な発明を確実に開発・商品化、販売するために特許法において独占権が定められており、このことが医療分野の発明にも有効に機能している。ＮＩＨがマーチ・イン条項を発動することによって、市場の独占性が失われることは重大な問題であり、将来の新しい発明の機会を減じる可能性があることを考慮しなければならない。セルプロ製品を失う可能性と新しい医療発明の機会を失う可能性の間のバランスを考えたとき、ＮＩＨは将来の医療技術の発展を重要視してセルプロに権利を与えることは適切ではないと判断した。市場における製品の淘汰は市場原理に基づいて行われるべきであるというのが理由である。セルプロの将来はセルプロの経営判断と市場原理にまかせるのが最良の道であり、ＮＩＨが関与すべきではない。

バクスター製品の市場導入の可能性とバクスターの誠実性がわからない状態でセルプロ血液幹細胞採取装置を直ちに市場から排除することは患者に不利益になり公共の利益に反するのではないか、という問題についても判断がなされている。連邦地裁が一九九七年七月二四日に行った判決で、セルプロ血液幹細胞採取装置は代替装置が製造販売されるまで市場で使ってもよいとされた。しかしその見返りにセルプロはバクスターにライセンス料を支払うことになるため、セルプロが倒産する可能性がある。そうするとセルプロの装置を使っている患者に不利益になる。しかし調査の結果、そのような事態が起こる可能性は低く、セルプロ装置を禁止することは公共の不利益ではないと結論づけた。バクスターはＦＤＡ認可が下り次第、血液細胞分離装置を販売する予定であり、患者がこの技術にアクセスできなくなる事態はないと発表している。たとえセルプロが直ちに市場撤退を決めたとしても、臨床開発中のバクスター製品を無料でセルプロ品の代替品として供給する方針をバクスターは確約している。しかし、セルプロはバクスターがそのようなことはできないと反論している。両社の主張には根拠がなく、この時点でＮＩＨが正確に決定することはできない。ＮＩＨはバクスターの承認申請を注意深く見守り、最悪の事態が起こらないよう監視するとともにマーチ・イン条項発動要請をオープン状態においておくとの決定を行った。

セルプロのケースで問題となるのは、すでに特許侵害の判決を受けた製品に対してＮＩＨは公共の利益という観点からマーチ・イン条項を発動して強制実施権を与えることができるかという問題である*[105]。マーチ・イン条項は公共の利益を守るための特別の救済措置であるべきであり、一私企業の利益を直接守るためにあるのではない。もしマーチ・イン条項が発動され本来のライセンシーと競合させるような事態がたびたび起こると、ライセンス契約の経済的価値を減少させ、ライセンシーに独占実施権を与えるという本来の目的に反することになる。ライフサイエンス分野のライセンス契約では通常サブライセンス権も付いているので、バクスターのようなライセンシーがライセンス技術を不実施にすることはほとんどなく、またライセンス契約では通常一時金支払いかマイルストーン払いとするように当事者で解決するメカニズムを持っているので、マーチ・イン条項を行使する機会はほとんどないと考えられてきた。もしライセンシーがある疾患領域あるいは全領域で開発に失敗した場合、サブライセンス契約によって第三者に技術をより高い値段で売り渡すことも一般的に行われている。セルプロのケースにおいても例外ではない。バクスターはすでに血液細胞分離装置技術を二社にサブライセンスした経験があり、セルプロも条件が合えばサブライセンスを受けることも可能であった。セルプロがライセンスを受けないというのは経営判断によるものであり、バクスターがライセンス拒否をしたわけではない。

しかし、逆にセルプロがライセンスを希望するがバクスターが拒否する場合もあることを忘れてはならない。もし、政府援助でなされた発明が投資目的の会社に渡り、その会社が開発意思もなくもっぱらこの技術をライセンス強要に使うとしたら、マーチ・イン条項発動を検討しなければならないであろう。政府援助の成果である発明が公共の利益目的のために使用されなくなり発明の意義が失われるときには、マーチ・イン条項によってバクスターのようなライセンシーに実行かサブライセンスかをせまる効力を持つ。マーチ・イン条項の存在によって、政府援助の発明技術は専用実施権ライセンスされ、自己開発するかサブライセンスするように方向付けられ最終的には公共のためになるよう仕向けられている。

第10節　マーチ・イン条項と抗エイズ薬ノルビア事件

アボットの抗エイズ薬ノルビア（Norvir）の価格引上げに対するマーチ・イン条項の発動検討

一九八〇年中ごろエイズ感染症問題が米国で深刻になり、治療法の確立が急務となっていた。ＮＩＨの下部機関であるアレルギー・感染病研究所は一九八六年国立共同医薬品発見グループ（National Cooperative Drug Discovery Groups：ＮＣＤＤＧｓと略）を設立し、産学連携によるエイズ治療法確立に多額の資金提供を行った。アボットは当時抗ＨＩＶの有望な標的である蛋白分解酵素の阻害剤を研究しており、ＮＣＤＤＧｓから資金援助を受けていた。アボットの研究者は政府援助なくして抗エイズ薬の開発は実現しなかったであろうと述べている。

このようにして政府資金援助のもとアボットで開発された抗エイズ薬ノルビアは、他の薬と異なり非常に短期間で発見からＦＤＡ承認まで勝ち取った。例えばＦＤＡの新薬承認審査期間はたった七〇日であり、当時通常の新薬審査期間の二年から比べると非常に短かった。これは抗エイズ薬の緊急性および福祉目的のための処置である。

二〇〇四年初頭ノルビアの価格が急に引き上げられた[*106][*107]。それまで年間ノルビア購入費用が約一五〇〇ドルであったものが、二〇〇四年一月から約七五〇〇ドル以上と約五倍になった。同じ有効成分リトナビア（ritonavir）を含有する新配合剤ケラトラの価格は据え置かれている。アボットの価格引き上げの目的は明確でないが、抗エイズ薬市場を混乱させ、より低価格の新発売抗エイズ薬ケラトラへ誘導し、市場での優位性を確保するためではないかと考えられる。エイズ治療には何種類かの抗エイズ薬を同時に服用する場合が多く、特にアボットの抗エイズ活性有効成分リトナビアは他の抗エイズ薬の作用を増強する作用を持っているため併用する際の薬剤としてよく使われている。ロッシュのサクイナビア（saquinavir）はリトナビアとの併用が認可されており、リトナビア価格が上がるとサクイナビアを買う余裕がなくなる恐れがある。

このようなアボットの突然の価格引き上げに対し、エイズ患者グループらは直ちに米国連邦取引委員会（Federal Trade Commission：ＦＴＣと略）に独占禁止法違反の疑いで告訴した。約二〇〇の団体あるいは個人から、公衆保健衛生上の必要性からノルビアの後発薬の製造許可を政府に求め強制実施権の発動を請願した[*108]。関係者の話し合いの結果、アボットは低所得者向けなかった。

の抗エイズ薬供給プログラムに対して価格を引き下げたが、個人向けに対しては価格を引き下げ

このアボットのノルビア価格問題を解決するために、関係者がマーチ・イン条項の発動をNIHに請願するという動きが活発になった。そのうち六人の米国議会下院議員から米下院エネルギー／商業委員会の委員長宛に提出された請願書が公開されている。米国の医薬品価格は他国に比べ三〇―三〇〇％高い。米国政府は国民の税金によって開発された医薬品が国民の手に適正価格でいきわたらないのは公共の利益という観点から問題であると主張している。製薬会社が研究開発費の回収のために医薬品価格を高く設定するのは合理的であるが、ノルビアの場合はすでに発売後年数が経っており出費以上の利益回収が行われているはずである。さらに重要なことは、ノルビアがＮＩＨの公的資金援助のもとに開発され、国民の税金を使って開発されたことである。アボットは十分に出費を回収したかもしれないが、米国政府はその投資を回収していない。米国議会が不法行為である価格つり上げ問題について調査を行い、適正な医薬品価格問題に解答を出すように要請している。

またシューマー議員など六人の上院議員もＮＩＨに意見書を提出している。その中で、ノルビアが「合理的な条件」で患者に供給されているかどうか独占禁止法の観点から明らかにすべきで

あると表明している。またアボットのノルビア値上げが抗エイズ薬市場にどのような影響をもたらすのか明らかにしなければならない。ＦＴＣは競争法の観点から製薬企業の合併が市場に及ぼす影響について数多くの経験があるので、ＦＴＣとＮＩＨでノルビア問題を検討すべきであるとしている。

ノルビアは政府援助（国立アレルギー・感染症研究所資金番号Ａ１２７２２０）によって行われた研究の成果であることはアボットも認めている。政府機関側からすれば、本資金援助によって獲得した六つの特許について政府が何らかの権利を保有すると考えることは自然である。ノルビアの場合、政府援助の効果は非常に大きいといわれる。なぜなら、政府機関は六一八のノルビア関連研究テーマについて資金援助を行い、更に政府がスポンサーとなって六二のノルビア関連臨床試験を行っているからである。最も重要なことは、約三〇〇万ドルの政府資金援助によって六つのノルビア関連基本特許が取得されたことである。

アボットの社長ライデンはノルビア価格引き上げについて、通常の企業活動でありすでに予定されていたことであると表明している。ノルビアはアボットが発見・開発し市場導入した医薬品であり、その価格の決定権はＮＩＨになくアボットにあると反論している。さらに、マーチ・イン条項というのは市場導入を促進するために作られた条項であり、医薬品を価格規制するためのものではないと述べている。ＮＩＨ援助金が約三〇〇万ドルであってもアボットはその一〇倍の約三〇〇〇万ドルの研究開発費をノルビア開発につぎ込んでいるので、ノルビア販売により利益を得るのは正当な行為であるとしている[*109][*110]。しかしながら、三〇〇〇万ドルの根拠については明らかにしていない。

バイ・ドール法制定に尽力し現在国立技術移転センター会長のアレン[*111]は、国民の負担した税金によって創製された医薬品を使うのに再度費用を負担すべきかという基本問題についていろいろな意見があるが、国民の税金の援助を受けて作られた医薬品は合理的な価格で患者に供給されるべきであると述べている。もし安定供給ができない場合、政府が介入し適正価格で販売できるようにすべきであるとしている。しかし、バイ・ドール法制定者であるバイ議員とドール議員はこの意見に反対している。民間企業のリスク享受と企業努力なくして、政府単独では新技術を開発し新医薬品を市場に出すことはできない。一般的に政府が一ドル援助した研究成果に民間企業は一〇ドル経費をかけて製品を生み出している。また公共機関の研究は比較的基礎研究が多いが、少なくとも製品を市場に出すまでに民間企業は五年から七年かけて開発している。

バイ・ドール法の根本的思想は産学連携を強化することである。バイ・ドール法は公立研究機関と民間の相互関係を強固にし、新しい発見、発明の成果をより速く国民に還元することを目的としている。政府が介入権を行使できるのは価格問題のように偶発的な事項を解決するためにあるのではなく、民間企業が合理的期間内に発明を実際の製品までに具現化できなかったときに限るべきである。すなわち、政府機関がマーチ・イン条項を発動できるのは政府援助で得られた発明が民間で商用化に失敗したとき、あるいは特許の不実施のときである。

ＮＩＨが技術移転を行う多くの場合、公正価格の条項を設けた契約を取り交わすことが多いが、それには実効性がない。なぜなら技術移転契約は価格規制を織り込んだものではないからである。もし政府が技術移転で価格規制を強めればバイオベンチャーや製薬企業側はだれもこのプログラムに参加しないし、新しい医薬品の開発を行う意欲をなくすだろう。もしそうなったとしたらバイ・ドール法の趣旨に反することになる。

ＮＩＨ長官は、ノルビアのマーチ・イン条項発動問題についてＮＩＨ決定を二〇〇四年七月二九日付の書簡で発表している。医薬品価格問題は連邦議会において解決策を議論すべき問題であり、ＮＩＨの役割ではない。またＦＴＣが独禁法の観点からアボットの行動を評価すべきであるとしている。ＮＩＨは公衆衛生について責任ある組織なので、マーチ・イン条項発動については慎重であるべきであり、マーチ・イン条項発動を正当化するために十分な根拠はないと考えているが、この考え方は三つの論点を含んでいる。

論点一として対象特許の「実質的な応用」についての判断である。ノルビアの場合、アボットはライセンスされた対象特許を用いて「実質的な応用」すなわち当該特許の方法を使って製造を行ったかが争点である。一九九七年のセルプロの場合、バクスターが当該特許の「実質的な応用」を実行していなかったとの批判があった。しかしバクスターは「実質的な応用」を法律的にも規制上も実行していると判断された。このケースと同様にアボットは当該特許の「実質的な応用」について法律的にも規制上も誠実に実行しているものと認められた。ノルビアは抗エイズ薬として一九九六年に販売されている。したがって、当該発明は抗エイズ薬となって患者に供給されており、「実質的な応用」のレベルまで達していると判断された。

論点二として、「健康あるいは安全」上の必要性がある。ノルビアはFDAによって安全かつ有効と認められた医薬品であり、承認された適応症で広く医師によって処方されている。アボットが解消できない健康あるいは安全上の必要性からマーチ・イン条項発動を行うという理由を見出せない。したがってNIHはアボットが健康あるいは安全上の必要性の観点からも法律に従っていると判断した。

論点三として、医薬品価格問題がある。政府資金を用いてなされた特許技術を含む医薬品のコストあるいは価格問題は非常に大きな問題である。バイ・ドール法に従ってライセンスされ開発されたすべての製品の経済的な価値の変動をＮＩＨの価格操作によって曲げられることになるので、マーチ・イン条項発動による特別な救済としての価格操作は行うべきでないという意見にＮＩＨは賛成している。医薬品価格問題は連邦議会によって法律として解決されるべき問題であると結論づけている。

ノルビアに対するマーチ・イン条項適用は行わないというＮＩＨの決定を受けて、この請願を行ったエッセンシャル・イノベーションズとブラウン議員はＮＩＨを管轄する厚生労働省長官トンプソンに書簡を送り、ＮＩＨの決定を覆すよう再請願した。その中で、二つの判断基準についてＮＩＨの判断が誤っていると抗議している。すなわち、「実質的な応用」要件についてＮＩＨはノルビアが適切に製造販売されているから要件を満たしているとしたが、この要件は二つの部分からなり、ＮＩＨはその一方しか判断していない。一つは発明の応用であり二つ目は公共への適切な条件での供給である。アボットは第一の条件は満たしているかもしれないが、第二の条件である適切な条件で公共に供給する要件を満たしていないと主張した。

さらに「健康あるいは安全」の要件についても十分な判断をしていない。ＦＤＡがノルビアを安全かつ有効と判断したから健康あるいは安全上問題ないと判断したが、ＮＩＨは値上げがどれほど健康あるいは安全に影響するか判断していない。値上げによって、その薬の利用状態ひいては患者の健康に大きく影響することを考慮しないのは不合理である。約五倍の値上げが米国国民だけにどれほどの影響を与えているか明確にしなければならないであろう。いずれにしても、結論は連邦議会の議論を待たなければならない。

第11節　マーチ・イン条項と緑内障治療薬ザラタン事件

ファイザーの緑内障治療薬ザラタン（Xalatan）のケース

二〇〇四年三月一〇日、米国民間団体エッセンシャル・イノベーションズはＮＩＨの技術移転部門に手紙を送り、ファイザーの緑内障治療薬ザラタンに対するバイ・ドール法マーチ・イン条項の発動を請願した[*112]。この請願にはアボットの抗エイズ薬ノルビアについても同時にマーチ・イン条項発動を請願している。ブラウン下院議員も厚生労働省長官に手紙を送り、バイ・ドール法マーチ・イン条項の発動に関する公聴会を開催するように要請した。

ザラタンはＮＩＨの資金援助による研究によってコロンビア大学で創製された化合物であり、後にファイザーにライセンスされた。四―六週投与分が米国では約六五ドルで販売されているが、デンマークでは一〇ドル以下で売られている。問題の中心は、米国民の税金である政府資金の援助で研究開発されたザラタンが、米国で外国より高い値段で売り私企業が利益を得ているのは不合理であり、公共の利益に反するとの主張をどのように考えるかにある。

バイ・ドール法マーチ・イン条項発動に賛成する側の意見の根拠は、国民の税金である政府資金援助によってなされた研究の成果である医薬品に対して更に個人の金を支払うのは税金の二重払い禁止の原則に反しているということである。一度税金を支払ったものはその恩恵を受けるのが合理的であり、当然受けうるべき権利である。また、米国民は自身の税金で作られた医薬品が外国で自国より安く売られていることに納得できないのも自然である。自国の価格は外国より安くするのは当然であると主張する。

二〇〇四年九月一七日、ＮＩＨはザラタンの価格問題について強制権を発動して価格をコントロールしないと決定した[*113]。それによれば、ＮＩＨの資金でなされた発見、発明を人類の福祉、健康向上に役立てるためには長期かつ高額の医薬開発とマーケティングが必要であり、製薬企業の協力なしには成し遂げられないことは明らかであるとしている。バイ・ドール法の精神は、政府の資金援助によって見いだされた公共の福祉に有用な製品を開発し商業化することを効果的に調整することである。ＮＩＨがバイ・ドール法マーチ・イン条項を発動するためにはその四つの要件について検討しなければならない。四つの発動要件について当てはめて検討した場合、ザラタンについては第三項と第四項は直接関係ないので、第一項と第二項について検討した。第一項にある「実質的応用」とはその発明が実際の製品の形で利用され、発明を含む製品が工業的に製造され、政府機関によって承認され、合理的な条件で公共に提供されている状況をいう。このような解釈でかつてセルプロのケースあるいはノルビアのケースを判断した。今回のザラタンの場合、一九九六年からすでに製造承認を受け、緑内障患者は入手可能である。したがって、ザラタンに関する発明は「実質的応用」状態にあるといえる。

ザラタンはＦＤＡが安全かつ有効と認めた医薬品であり、第一選択薬あるいは第二選択薬として広く処方されている。したがって、ザラタンが健康と安全に十分寄与しておりバイ・ドール法マーチ・イン条項を行使するような状況には至っていないと考えられる。一方、ザラタンの価格は他の国と同一にすべきであるという意見がある。その理由は税金によって援助された研究成果である治療薬は合理的価格によって供給されるべきであるとの考え方による。しかし、ＮＩＨは価格の非合理性を救済し、価格を制御する手段としてバイ・ドール法マーチ・イン条項を発動するのは行き過ぎであると考えている。ザラタンの価格が国によって異なるのは世界のマーケット事情によるものであるからである。医薬品の価格問題はＮＩＨが解決することではなく、議会がすべきことであるとしている。

ザラタン価格問題に対するＮＩＨの結論を受け、請願者であるエッセンシャル・イノベーションは反論の中で*[114]、バイ・ドール法の精神は「政府の援助でなされた研究の成果は合理的な条件で公共に供されるべきである」と表明している。ザラタン問題に関してＮＩＨの行った結論はこの法の精神に反しており、大製薬会社の利益になるだけであると主張している。バイ・ドール法の欠陥は、ライセンシーである製薬会社の義務は医薬品を市場に出すことだけであり、その価格は全く製薬会社の意志により自由にできることである。バイ・ドール法には「合理的期間」という文言があり、その意味から考えると、価格決定に資金提供者である政府の意思が入らないのは不合理であると主張している。ＮＩＨの行った公聴会*[115]で、ライセンシーはバイ・ドール法のもとでライセンスされた化合物の研究開発費を負担し市場導入を図るが、ライセンシーがリスクを負って投資した研究開発費をどのように取り戻すかということについてバイ・ドール法はほとんど規定していないのが問題であると述べている。バイ・ドール法のもとでは、ライセンシーが公共の福祉のために医薬品を供給する際にその地位を濫用し、不合理な条件やライセンシーの一方的な利益にならないようにマーチ・イン条項を規定し監視し、マーチ・イン条項によって技術の進歩が確保され正常な市場競争が保たれるようにすべきである。ザラタンに対するＮＩＨの決定を不満として米国議会のブラウン下院議員とワックスマン下院議員は会計監査院に再調査を要求した*[116]。医薬品の価格と供給は密接に関連しているにもかかわらず価格問題をＮＩＨが議論しないのは、バイ・ドール法マーチ・イン条項の議論としては不完全であるとの理由である。価格は経済原理の中で最も基本的な交換様式である。バイ・ドール法にいう「合理的条件」によって製品を市場に供給する義務をライセンシーが果たしているかどうかの判断のために価格問題を議論すべきである。

一方、バイ・ドール法マーチ・イン条項発動に反対する意見が多くの企業から発表されている。バイ・ドール法マーチ・イン条項は、政府資金援助によって成された発明特許が私企業に移転された後に、その私企業がその発明を実現化しなかったり、非合理的な活用をしたりしたときにのみ発動されるように意図された条項であるというのが主な主張である。バイ・ドール法マーチ・イン条項は、移転された特許が「合理的期間」内に実用化されなかったとき、効果的な過程を経て実用化されなかったとき、あるいは健康安全の必要性を満足させられなかったときに発動されるべきである。バイ・ドール法マーチ・イン条項は合理的価格を規定した法律ではなく、まして医薬品の価格をコントロールすることを意図して作られた法律でもない。ザラタンのように価格問題に適用すべき条項ではないし、この問題に拡大すべきことでもない[*117]と主張している。

第12節　公共の利益と強制実施権行使の条件

NIHがバイ・ドール法マーチ・イン条項を発動する条件

ＮＩＨは公共の利益である健康と安全を確保することを基本的考えとして持っている。健康と安全と私権の範囲の間のバランスを常に考慮して判断するものと考えられる。バイ・ドール法マーチ・イン条項についてもこの基本的考えは変わらず判断している。ＮＩＨの判断はバイ・ドール法マーチ・イン条項で示された四つの要件に合致するかどうかが基本となっている。特に(a)実質的な応用と(b)健康あるいは安全の観点が特に重要である。(a)については本法の適応を受けてライセンシーとなったものが実質的な実用段階までライセンス技術を応用して行ったかどうかであり、比較的判断しやすいものと思われる。一方(b)の判断基準はややあいまいで、国民の健康あるいは安全に関する必要性にはどのようなことが含まれるかわからない。米国において希少疾患薬の定義では二〇万人以下の患者を対象にしているので五〇万人の根拠があいまいである。バイオテロとして炭疽菌を使用した事件が起こったが、もし炭疽菌が米国に蔓延した場合、五〇万人の犠牲ではすまないはずである。このとき、バイエルの炭疽菌治療薬シプロにノーブランド薬品メーカーへ強制実施の許諾を与えるよう強要することが米国議会内で考えられた*118。しかし、バイエルから安価なシプロの供給申し出があったため大きな問題にならず、健康はビジネスの利害関係に優先するという強制実施許諾問題について回答は出されなかった。

ＮＩＨはバイ・ドール法に基づく介入権を定めたマーチ・イン条項発動には慎重であり、その判断はすべて四つの発動のための要件に基づき、そこから判断を広げようとしない姿勢が読み取れる。医療問題という公共の利益に直接関わる問題においても発動を避ける傾向にあると言わざるをえない。特に医薬品の価格問題についてはＮＩＨの問題ではなく立法の問題であるとして判断しなかった点は今後への課題を残すことになった。

日本版バイ・ドール法第三〇条および特許法第九三条の運用

日本の産学官連携促進政策のひとつとして大学特殊法人制度が二〇〇四年四月から国立大学に導入された。大学の研究成果が産業界で活用されるための施策が次々に導入されている。米国ではこのような政策がすでに一九八〇年代に導入され運営されている。ライフサイエンス分野では研究開発によって遺伝子特許あるいはＥＳ細胞特許のように公共の福祉に重大な影響を与える場合が増える可能性があり、公共の利益のために、少なくとも政府資金援助によってなされ、特許となったものに対する強制実施権を保留することは必要である。また、そのような権利を行使するかどうかについて明確な根拠を持つことも重要である。

日本版バイ・ドール法である産業活力再生特別措置法の第三〇条で、国の資金援助でなされた研究成果である知的財産の取り扱いを規定している。特許法の第九三条は政府の強制実施権を定めているが、いままで発動されたことはないし、発動について検討されたことも少ない。しかし、ライフサイエンス分野で遺伝子特許やリサーチツール特許の公共研究等での活用制限が散見され、基礎研究が遅延するようになっている。公共の使用が制限されたり、その成果の活用が不合理になったりする場合がある。前述した浜松医大事件がその典型的な例である。このような例がでてくると国民の負担が大きくなり、公共の利益に重大な問題を起こす可能性がある。特許法第九三条はこのような公共使用について政府の強制実施権を認めているが、その運用について確立された考え方がなければ、永久に使われない無用の長物になる。

一方、米国のマーチ・イン条項はバイ・ドール法の一部として設けられた条項であり、国民の税金によってなされた研究成果について公共のために使用できるよう権利を留保することを規定している。特許権の移転はすなわち技術の独占権の移転でもあり、本質的に独占権の行使は権利者の考え方あるいはそのときの状況に依存している。特許権者がバランスの欠いた不合理な権利行使を行った場合、公共の利益のための活用が危険にさらされる可能性がある。その場合に備えてバイ・ドール法マーチ・イン条項が存在する。バイ・ドール法マーチ・イン条項は政府資金による大学などの研究成果の技術移転に限られた法律で体系は異なるとはいえ、日本の特許法第九三条で定められた強制実施権と趣旨が似ている。最大の問題点は「公共の利益のため特に必要である」という文言の解釈にある。すなわち公共の利益とは何で、どの程度の利益であるのか前例がないため明らかでない。更に「特に必要」とはどの程度の緊急度なのか明確な基準がない。少なくとも想定事例について合意した統一見解を作成することが求められているのではないか。参考までにバイ・ドール法マーチ・イン条項と特許法第九三条強制実施権の簡単な比較を表2にまとめた。

ライフサイエンス領域で強制実施権あるいは政府の介入権問題が起こりうるのは次の場合を想定することができる。

表2　バイ・ドール法マーチ・イン条項と特許法93条強制実施権の比較

	バイ・ドール法 マーチイン条項	日本バイドール法	強制実施権
法律	公共の利益のため 資金援助公共機関 の実施権留保	産業活力再生特別 措置法第30条 (技術移転法)	特許法第93条
目的	政府資金援助で 得られ、技術移転 された特許のみ	公共の利益のため 資金援助公共機関 の実施権留保	公共の利益のため 独占権の一部解除
対象	政府資金援助で 得られ、技術移転 された特許のみ	政府資金援助で 得られ、技術移転 された特許のみ	対象特許に 制限はない
判断基準	(a)実質的応用 (b)健康あるいは安全性 (c)公共での使用 (d)契約違反	(1)報告義務 (2)公共の利益 (3)不実施	公共の利益
請願者	規制ない		特許権を実施 しようとする者
決定者	資金援助公共機関 が判断	経済産業大臣	経済産業大臣

1. 現在治療に使用されている医薬品、医療機器が特許問題によって患者に供給できなくなるとき（セルプロの場合）
2. 高価格により患者の購入が困難になる問題（ノルビアの場合）
3. バイオテロ対策（シプロの場合）
4. 使用技術が他社技術と利用関係にあるとき

いずれの場合も政府の強制実施権あるいは裁定実施権が行使されていないので、実際の行使にはさらなる事例の蓄積が必要である。特に利用関係の裁定実施権について事例研究が必要であろう。

第13節　医薬品アクセスと強制実施権

医薬品アクセスのための政府の強制実施権行使は公衆衛生確保のために必要

強制実施権は政府が持つ私権への介入であり、公共の利益を私益より優先させたものである。この権利行使は自由社会における強制権であるため、慎重でなければならないし、実際に行使されることは稀である。したがって、事例が少ないため概念的な考え方、法律はあるものの、実務として確実な考え方は少ないし、その実務的な考え方も世界で統一されているとは言いがたい。

強制実施権は公共の利益、国益と関連する部分であるため、国益が世界の水準より劣っていると国家が認識する事項について発動が検討されることがある。具体的には、開発途上国の間では抗エイズ治療薬の安価な入手をめざして強制実施権を発動することがある。これは開発途上国の公共の利益であるエイズ患者治療のため低価格抗エイズ薬入手は必須であり、そのために障害となる特許権を国家が使用することもありえるとする考え方である。具体的には最初二〇〇一年に南アフリカで抗エイズ薬の安価な後発品薬導入を決めたのに続きタイで強制実施権が実際に発動された。その後、ブラジルなどでも発動されている。更にTRIPS協定の第三一条（特許権者の許諾を得ていない他の使用）を巡り議論が国際的になされた。二〇〇一年にTRIPS協定と公衆衛生に関する閣僚宣言が出され、二〇〇三年強制実施権の詳細が合意されている[*119]。ここでは、タイで発動された強制実施権について考察する。

第14節　タイの医薬品強制実施権と抗エイズ薬供給

タイの医薬品特許強制実施権行使と公共の利益としての公衆衛生

タイの特許法には強制実施権が制定されており、拡大するエイズ感染に対処するためにたびたびその実施が検討されている。二〇〇六年一二月、タイにおいてエイズ感染問題が深刻化し、抗エイズ薬の入手が財政的に逼迫したため、タイ政府はついに医薬品アクセスの緊急性から強制実施権を発動するに至った。その背景には、タイ公衆衛生省が強硬な態度をとりタイ政府全体をリードしているためといわれている。

タイの医薬品アクセス問題解決のために計画あるいは実行された強制実施権は近年四件ある。抗エイズ薬が大部分であるが、血小板凝集阻害剤などにも拡大している。対象医薬品を製造販売する会社は米国企業が多く、なかでもブリストル・マイヤー・スクイブが三件もからんでいる。タイのＨＩＶ感染者及びエイズ患者数は約六〇万人と推定されている。タイ政府はそのうち約八万二〇〇〇人のHIV感染者に対する抗エイズ薬支給プログラムを実施しているが、費用負担が膨大になり財政的に苦しい状況にある。タイ政府が費用削減策を検討する前の抗エイズ薬のコストは患者一人当たり月額九二四米ドルと報告されている。この価格で現在の抗エイズ薬支給者八万二〇〇〇人にすべて投与すれば、その費用は月額七六〇〇万米ドル、年間約九億米ドル（約一〇〇〇億円）となる。しかし、タイ政府の抗エイズ薬支給プログラムの年間予算は一・一億米ドルしかない[*120]。このままではタイ政府の費用負担が困難であることは明らかであり、国家緊急事態といえる状況にある。そこでタイ政府はいくつかの費用削減政策を行っている。その一つが抗エイズ薬の安価な後発医薬品をタイ国内で製造することであった。その結果、欧米大手製薬会社の医薬品三〇〇種類以上を五分の一の値段で生産できた。次にタイ政府がとった抗エイズ薬費用削減策は強制実施権行使である。そのために、一九九九年にタイ政府は特許法を改正し、第五一条で明確に医薬品供給に対して強制実施権を行使できるとした。公衆衛生省は、タイの主な死因となっている疾患に対する医薬品を入手するには強制実施権行使も一つの方法であると説明している。製薬企業との値下げ交渉がまとまらない場合、強制実施権を行使すると表明している。最も優先順位が高いのは抗エイズ薬であることは間違いなく、その次には四種の制がん剤、二種の抗生物質、三種の循環器薬、一種の神経因性疼痛治療薬が候補としてあげられている。

一九九九年一一月、タイ特許法に基づいてタイ政府薬品局は当該医薬製造に介入する権利を有することを主張し、強制実施権許諾の手続きをタイ知的財産局に対し行った[*121]。タイ知的財産局は、強制実施権行使は可能であるとしたが、その手続きに時間がかかり、決定は直ちにできないと強制実施権の発動を拒否した。薬品局は、特許法で強制実施権が許されているにも関わらず、法的権利をなぜ政府は行使しないのか分からないと抗議を行った。二〇〇一年一月タイ政府は強制実施権行使を見送り、薬品局はブリストル・マイヤー・スクイブの持つ特許方法と異なる方法で抗エイズ薬ダイダノシン（Didanosine、Videx, ddI ともいう）を製造することを決定した。これにより価格を一〇バーツ（約三〇円）までに下げられるとしたが、果たしてタイ政府がブリストル・マイヤー・スクイブの特許を回避して製造できるかどうか疑問である。その後、二〇〇四年一月にブリストル・マイヤー・スクイブは、タイにおける抗エイズ薬ダイダノシン特許を放棄し、タイ公共の物とする決定を行った[*122]。これはブリストル・マイヤー・スクイブとタイのＮＧＯ団体との間の長年の紛争の解決となった。このためタイではだれでもダイダノシンを製造することができるようになり、タイ政府医薬品機構（ＧＰＯと略）[*123]という政府系組織が抗エイズ薬ダイダノシンを製造することを表明している。また、ＧＰＯは、タイで鳥インフルエンザが大流行した際に自社で製造したタミフル（Tamiflu）の臨床試験を省略して患者に供給する計画を二〇〇五年一一月発表した。タミフル関連特許がタイに出願されていないので、タミフルは特許権者であるロッシュの許可なくだれでもタイ国内で製造することは可能である。GPOの計画によれば、タミフルの有効化合物であるオクタミビア（oseltamivir）はインドで合成されたものを使い、GPOで製剤を作る。製造されたタイ国産タミフルは、全量タイ公衆衛生省の防疫局に納入され、二〇〇六年六月から感染者に販売される計画になっている。タイ国産タミフルの価格は七〇バーツになる予定であり、輸入タミフルより五〇バーツ安いと見積もられている。

二〇〇六年一一月、公衆衛生省が米国メルクの抗エイズ薬エファビレンツ（Efavirenz）の特許に対し強制実施権を実行することを発表した。公衆衛生大臣によれば、抗エイズ薬による治療を必要としているHIV感染者は約六〇万人いるが、そのうちこの薬を入手できるのは約一〇万人に過ぎないという。タイ政府医薬品局は六か月以内にエファビレンツの後発医薬品の大量生産を開始し先発薬の約半分の値段で販売すると発表している。その場合、タイ政府はメルクに売上げの〇・五％にあたるライセンス料を支払うことにしている。タイが独自に生産するまではインドからエファビレンツの後発医薬品を輸入する予定である。

タイ政府のエファビレンツ強制実施権行使を受けて、メルクは値下げで解決を図ろうとした。メルクは公衆衛生省に対して後発医薬品の製造のための特許権のライセンスを行うと表明し、かつ商務省に働きかけて仲介を頼んでいる[*124]。メルクはエファビレンツのタイでの価格をボトルあたり二三米ドルまで下げると提案したが、タイ政府によればインドから輸入する後発医薬品の価格は二〇米ドルであるとして、この提案を拒否した[*125]。公衆衛生省とメルクの間で問題解決に至らない場合、知的財産局が調停に乗り出す可能性もあると推測されている。

二〇〇七年二月、公衆衛生省は米国アボットが販売する抗エイズ薬カレトラに対して強制実施権を五年間行使すると発表した[*126]。これを実行するとカレトラの価格が四一〇〇米ドルからその三分の一になり、年間二四〇〇万米ドルの節約になると予想されている。タイ政府によれば、アボットはカレトラの強制実施権の実施を回避する申し出をすることができるが、アボットはそのような行動をとらなかったと表明している。実際の製造を行うGPOがアボットとライセンス料について交渉する。それも不調に終わる場合、GPOが当面はカレトラの供給先を探すことになる。二〇〇七年四月、タイにおけるカレトラ価格を下げて患者一人当たり年間約二二〇〇米ドルにするとアボットは一方的に発表した[*127]。しかしアボットはタイ政府との話し合いは拒否している。タイ政府はアボットの提示価格に不満で、独自でカレトラを生産するという姿勢を崩していない。さらにカレトラ以外のアボットの医薬品を独自で製造することも示唆している。

しかし、二〇〇七年三月になりアボットはタイへの新医薬品の導入を停止すると発表した[*128]。

ただし、現在販売されている医薬品はそのまま継続して販売される。同時に、アボットは新医薬品関連のタイ出願特許のすべてを取り下げている。アボットが新薬申請を取り下げた医薬品は七種類あり、カレトラの熱安定製剤、抗生物質アボティック（Abbotic）、鎮痛剤ブルフェン（Brufen）、抗血小板剤クリバリン（Clivarine）、リュウマチ性関節炎薬ヒューミラ（Humira）、慢性腎臓病薬ゼンプラ（Zemplar）、抗高血圧薬タルカ（Tarka）である。アボットは、タイ政府の強制実施権行使によって特許制度が無視されたことに対する抗議であると表明している[*129]。この行動はタイのみならず開発途上国から強制実施権の取り下げ、あるいは譲歩を引き出すためにとった行動であると受け止められている。タイの強制実施権発動はＴＲＩＰＳ協定第三一条に基づいた判断であり、ＴＲＩＰＳ協定第三一条に認められた公共の利益のためにのみ強制実施権を行使しているからで、タイは特許制度を遵守しているとの見方が大勢を占めている。すでに長い間タイ政府はアボットとカレトラの供給について交渉を重ねていたが、結局価格で折り合いがつかず決裂していた[*130]ことも事実である。タイ政府としては、高騰する医薬品費用を削減する交渉が決裂した以上、取るべき手段は限られていた。

通常、後発医薬品の承認には、アボットが提出したカレトラの熱安定製剤の化学データや安全性データなどを参照して審査される。アボットが取ったのは、カレトラの熱安定製剤の新薬申請を取り下げ化学データや安全性データをタイの新薬審査当局に提出しないという方法である。したがって、後発医薬品は参照するデータがないため承認審査は困難となり、後発医薬品が承認されるためには公開された学術文献、特許情報に頼ることになるが、どこまで詳細に記載されているか疑問である。

自社のカレトラ熱安定製剤承認、販売のチャンスまで犠牲にして後発医薬品を阻止するような戦略をとったのはアボットが初めてである。このアボットの戦略については、医薬品会社の本来の役割、理想を無視したものであり、新しい医薬品を使い病気を治したいという患者の希望を無視する行為である。企業としての社会的責任に反する行為でもあろう。国際的エイズ活動グループであるMSFは、アボットのタイへの新医薬品導入拒否を非難し、その他の約二〇〇グループとともにアボット医薬品のボイコット運動をしている*131。アボットのタイにおける販売医薬品は抗生物質エリタブ（Erytab）とクラシッド（Klacid）、鎮痛薬ブルフェン、抗肥満薬リダクティル（Reductil）などがあり、それらのマーケットシェアは大きい。またアボットの主力製品である粉ミルクや栄養製品、動物栄養製品などのボイコットも呼びかけている。

市場専有率の高い医薬品の販売を拒否あるいは放棄することについて合理的な理由が見出されず、タイ競争法*132の違反対象になる可能性がある。市場導入を停止したアボットのカレトラの熱安定製剤は必須の医薬品であり、タイの大多数の患者が冷蔵庫なしでも使える。また、アボットの後発医薬品会社へのライセンス拒否は、市場における優先的地位の濫用であり、競争を阻害する。アボットがタイでカレトラを独占的に販売しているのは事実である。二〇〇〇年に起こったケーブルテレビのUBCが貧しい家庭へケーブルを引くことを拒否した事件では、公正取引委員会はUBCのとった行動はタイ競争法違反であると判断した。アボットのカレトラの熱安定製剤の市場供給停止はUBCのとった態度と類似していて、貧困社会への必須医薬品供給を差別・制限しているため反社会的であると考えられる。

ドイツの製薬会社バイエル[*133]はアボットの行動について支持する考えを示した。バイエルのタイでの二〇〇五年の医薬品売上高は約一一億ドルである。したがって、バイエルはタイでの医薬品販売拡大に相当の資金を費やしており、突然の強制実施権の行使によってその投資回収の機会を失うことは大きな損失になる。また、タイの強制実施権行使が抗エイズ薬だけでなくその他の大製薬会社の医薬品にまで拡大していることは脅威と考えている。

二〇〇七年二月、タイ公衆衛生省は米国ブリストル・マイヤー・スクイブとサノフィ・アベンティスが販売する循環器薬プラビックス（Plavix）に対して強制実施権を行使すると発表した。現在タイでのプラビックスの価格は一錠あたり約二米ドルであるが、後発医薬品を製造すれば約

○・一八米ドルに下げることが可能になると試算されている。プラビックスの強制実施権行使の条件[*134]として、特許満了日まで強制実施権は有効であり、後発医薬品の使用に健康保険法等の制限はなく、GPOがブリストル・マイヤー・スクイブに支払うロイヤルティ率は総売上の○・五%とするということが公表されている。

タイはパリ条約と特許協力条約（PCTと略）に加盟していないが、一九九二年の特許法改正ではTRIPS協定の精神と整合性を図っている[*135]。強制実施権関連については、第四六条で出願から四年または登録から三年のいずれか遅い期限内に当該特許が実施されない場合、第五一条では公共利益のための実施の場合、第五二条では国家緊急事態と安全保障のための実施の場合がそれぞれ規定されている。条文を見る限りタイの強制実施権関連法は日本の特許法第八三条と第九三条に類似している。一九九九年改正特許法の第五一条では「食料、医薬品又はその他の消耗品の著しい不足を防止又は緩和するため、又は、その他の公共サービスのため、省、政府各局はそれ独自で、あるいは他者を介して第三六条に基づくいかなる特許も実施できる」と、公共利益のための強制実施権がより詳しく記載されている。重要なのは、省あるいは政府の各局が独自の判断で強制実施権を実施することができ、必要ならば実施には他者を介することも可能である点である。

タイ政府は強制実施権を行使するかどうかを判断する委員会を設立し、その判断基準を定めた。それによれば、強制実施権を行使できる医薬品には基準があり、「国家必須医薬品リスト」に記載された医薬品か、公衆衛生上必須の医薬品に限られる。また、強制実施権の行使は、国家の緊急事態を改善するため感染症の大流行などの場合に限定されるので、他の強制実施権を制定している国とも特に大きな差はない。しかし、問題なのは、高価で患者の購入が困難である医薬品が含まれていることである。この条件は公衆衛生上の緊急事態問題から若干逸脱しており経済問題であると考えられる。

米国研究製薬工業協会は二〇〇六年一二月、エファビレンツの強制実施権発動を受けて声明を発表した[*136]。それによれば、タイ政府の行った強制実施権の発動は特許制度に対する重大な挑戦であるとしている。米国では約七七の抗エイズ薬が開発中であるが、これらの新薬開発努力こそ世界で蔓延しているエイズ感染症を撲滅するために継続的に行わねばならない重要な課題である。製薬企業の開発意欲を保つために、特許による市場での独占性の確保が必要である。

強制実施権行使は果たして製薬企業の開発意欲を阻害するであろうか? 強制実施権行使は長期的にみて新薬開発に影響を与えると予想される。しかし、短期的なタイのニーズに対応するために行う例外処置であることも認めなければならない。すでに先進国販売で新薬開発に投資するのに十分な利益を得ているのであるから、開発途上国で利益の制限を受けたからといって、すぐさま製薬企業が全く開発を中止しなければならない状況ではない。

ＷＨＯはタイの強制実施権行使に反対している[137]。ＷＨＯは、タイ政府は強制実施権行使前にアボットとの交渉を十分行うべきであり、製薬企業との関係を向上させなければならないと考えている。ＷＨＯの基本的考え方では、医薬品アクセスについて、タイはもっと合理的なバランスを重視すべきであり、一方的な強制実施権行使は不適切であるとしている。このようなＷＨＯのコメントに対し世界中で失望感が広がり、ＷＨＯは製薬企業よりタイのエイズ感染者にもっと関心を持つべきであるという主張がタイ製薬研究製造協会から出された[138]。さらに、タイが発動した強制実施権はＴＲＩＰＳ第三一条のルールに従ったものであり、不法な取り組みではない。ＷＨＯでは長年エイズ撲滅のための方策として後発医薬品を奨励してきたし、その運動に一定の効果が認められている。今回のＷＨＯの意見はこの長年の流れに逆行するものであると表明している。

米国下院の二二人の議員はエファビレンツに対する強制実施権発動を受けて声明を発表し、タイ政府のとった強制実施権行使を支持している[139]。世界の特許制度は貧困なエイズ感染国の患者を救うように意図されていない。そのためこれらの貧困なエイズ感染国は、国家の緊急事態として強制実施権によって抗エイズ薬を入手するしか方法はない。この権利はＴＲＩＰＳ第三一条によって認められた権利である。しかし、米国政府はこの条項を認めたにもかかわらず、米国製薬企業の権益を確保するために、二国間自由貿易協定を持ち出していると批判している。タイとの二国間自由貿易協定は、強制実施権の制限問題に解決が見られないため保留状態になっている。タイでエイズ患者に供給する抗エイズ薬の費用は相当な額に膨れあがり、おそらく五億米ドルに達すると予想され、この予想額はタイの全健康保険費用の五分の一以上に達すると見積もられている。この状態ではタイの保健行政を破綻させるだけである。

タイ公衆衛生省は、二つの抗ＡＩＤＳ薬の強制実施権をそれらの特許が失効するまで延長すると発表した*[140]。一つはブリストル・マイヤー・スクイブのサスティバ（Sustiva）（特許期限：二〇一二年一月三一日）であり、もうひとつはアボットのカレトラ（特許期限：二〇一六年一二月四日）である。この決定はＷＴＯのＴＲＩＰＳ協定の二〇〇一年ドーハ宣言に基づくものであり、タイ関係諸官庁の合意のもとになされた決定であり、二〇一〇年九月に疾病管理局長のサインをもって発効した。

医薬品に対する強制実施権行使のための条件

タイで発動された医薬品の強制実施権行使の経済的効果は約一〇億バーツと予測されている。タイでのエイズ患者等に対する保健医療費がそれだけ削減できることは、タイ政府の財政負担を軽減し、予算を他のプログラムに振り向けることが可能になる。しかしながら、強制実施権を発動された医薬品の製造販売企業にとっては、独占的販売が制限され利益が圧迫されることになり、大きな損害を受けることになる。両者の相反する利益をバランスさせなければ医薬品アクセスの問題は解決しない。

医薬品アクセスのための強制実施権の条件について考えてみたい。まず、感染症の広範囲で急激な発生や、慢性的感染や、治療薬が入手困難な疾患の蔓延などの公衆衛生上の問題が国家の危機的状況まで達したと判断された場合、強制実施権を行使することが可能であるというのが一般的な考えである。当然これらの公衆衛生上の危機状態そのものについて明確な条件設定が必要になるが、それぞれの国によってその状況、判断基準は異なるので、国際的に取り決めることは困難であろう。タイのようにエイズ患者の蔓延によって治療薬アクセスに対する財政負担が限界にある場合、抗エイズ薬について強制実施権発動が検討されるのが合理的である。このように基本的には、個々の疫患あるいは医薬品についてそれぞれの事情に応じた判断が求められるべきである。

次に強制実施権を発動した場合、特許権を無視された企業側の補償を考えるべきである。そうでなければ、特許権者の権利保護との間のバランスが取れない一方的な判断となり、アボットが行ったような新薬導入拒否という事態になりかねない。まず対象企業との事前のライセンス交渉を公正かつ衡平に行わなければならない。その中で重要なのはライセンス対価であるが、強制実施権実施国の医薬品の経済価値を考慮して合理的に決めるのが原則である。具体的に強制実施権者が特許権者に支払う対価は販売数量×販売価格×特許利用率×ライセンス率（二～四％）で算定するという合理的な案が提案されている。一般的にライセンス率は二％というのが標準的と考えられる。

強制実施権が発動され後発医薬品が販売された場合、特許権者である先発医薬品会社が最も恐れるのは安価な後発医薬品が自国の市場に流入し、先発医薬品の自国価格が下落することである。したがって強制実施権を発動するにあたり、強制実施権で作られた安価な後発医薬品が自国市場に流入しない方法を考案することが必要である。すでにＷＴＯでは輸出される医薬品の場合、ラベル・包装は逆輸入ができないように強制実施権に基づくものであることを明示することが合意されている。このように後発医薬品の区別を明確にし、他国に輸出することができないような手立てを確立しなければならない。

次に強制実施権を発動した後でも、特許権者との交渉、連絡は継続すべきである。特許権者が良い条件を求めて強制実施権を取り下げてもらう交渉もありえることである。タイの場合、メルクはアボットとは異なり交渉を継続する意思を強く示している。強制実施権のもとで作られた後発医薬品より安い値段で特許権者から供給される可能性も残されている。

米国製薬業界を中心に反対派の最も重要な主張は、医薬品開発には長期間にわたって膨大な研究開発投資が行われ、その投資が医薬品販売から回収されなければ、将来の医薬品会社の発展はないというものである。また米国の国民の間では、米国民だけが高い価格の医薬品を購入して米国医薬品会社の利益ひいては研究開発に貢献しているが、外国では安い価格でただ乗りしているとの批判が根強い。しかしこの主張にはあまり正確な根拠となるデータが示されていない。ライトらの研究*[141]によると、そのような米国の主張には根拠がなく、低価格の医薬品販売によって研究開発が低下することはないとしている。

一般的に医薬品の価格のうち製造コストはそれほど大きくない。二〇〇〇年五月、欧米の製薬企業はアフリカ向け抗エイズ薬の価格を一〇分の一に引き下げて販売していることからも類推できる。またインドの後発医薬品製造会社は一〇分の一の価格で供給可能と発表している。例えば、グラクソスミスクライン製抗エイズ薬は欧米で一人当たり年間一万ドル程度で販売されているのに対し、インドで生産されている後発医薬品は一人当たり年間三五〇〜六〇〇ドル程度で販売されている。二〇〇一年、インドの後発医薬品会社シプラは三種類の混合抗エイズ薬を年間三五〇ドルで供給した。これらの例から明らかなように、抗エイズ薬の製造コストはおそらく販売価格の一〇分の一以下と思われる。逆にいえば抗エイズ薬の価格を一〇分の一にしたとしても利益がでる可能性があることを示している。

製造元が一社しか存在しない医薬品のいくつかは、価格が高いことが一般的に知られている。医薬品の価格は、その製造コストに膨大な研究開発費を上乗せしたものであることが多い。研究開発コストを除けば、製造コストが通常価格の一〇分の一から二〇分の一でも問題なく利益確保ができるだろう。問題の中心は研究開発費の回収をいかに行うかにある。利益配分で新薬開発への投資インセンティブを確保しつつ、いかに低価格で医薬品を供給するかが課題である。欧米製薬企業の抗エイズ薬の開発は現在も精力的に行われている。これらの企業は開発途上国の膨大な市場から利益を回収しようという計画はなく、欧米での新薬販売から得られた利益を更なる新薬開発に回すことを基本に考えている。結果として、欧米での販売で得られた資金によって新薬が開発され、開発途上国のエイズ患者が救われていることになる。また、欧米製薬企業が開発途上国へ低価格の抗エイズ薬を供給することによって、利益確保ができず新薬開発のインセンティブが無くなるということは過大な主張である。

抗エイズ新薬開発費は先進国での保健医療費から回収できるような仕組みが現実的である。このシステムによって新薬開発へのインセンティブを確保し、直面する抗エイズ薬の問題を解決する糸口がつかめる。また新薬の研究開発費を低減する取り組みを行い開発会社の負担を低減することも重要である。そのためには、抗エイズ薬などの感染症薬の研究開発は国際的な組織で行うべきであり、その資金は国際社会が供給し、臨床開発は公共の医療機関が中心になって行うべきである。この国際的組織で実施された結果は、同時に各国に承認申請することができ、早期承認を得るというような仕組みを確立することが求められる。

公共の利益のための強制実施権発動の条件

公共の利益のために与えられる強制実施権は、非排他的なものでなければならない。この権利の行使期間はあらかじめ明確にしておかねばならない。重要なことは、強制実施権を設定した場合、特許権者になんらかの補償が支払われることである。

日本の特許法第九三条に比較して、タイ特許法第五一条*[142]は公共の利益のための強制実施権の実施要件を比較的明確に定めている。公共の利益のための要件は広範囲になっており、例えば天然資源や環境の保護なども含まれている。医薬品供給関連では、「食料、医薬品又はその他の消耗品の著しい不足を防止又は緩和するため」とされており、医薬品のみならず食料などにも対象を拡大している。しかし、公共の利益の範囲を拡げすぎると、それぞれについて条件を決めなければならず複雑なシステムになってしまう。やはり、特許権と関連性が深い医薬品で経験を積むことが実施可能な制度のために必要である。

第15節　抗エイズ薬の開発途上国への低額供給（新しい試み）

ビル&メリンダ・ゲイツ財団

マイクロソフト会長のビル・ゲイツはビル&メリンダ・ゲイツ財団を設立しているが、この財団は二〇〇三年にブラジル政府のエイズプログラムに一〇〇万ドル寄付した経験がある*[143]。ゲイツ財団の受賞者選択基準として、開発途上国での公衆衛生の進歩・改善への貢献、リーダーシップの発揮、創造的な組織作りがあり、世界的な影響力を与えたものに賞金が贈られる。

ゲイツ財団がブラジル政府のプログラムを評価した理由は、抗エイズ薬へのフリーアクセスが基本とされているからであり、フリーアクセスは開発途上国のエイズ撲滅プログラムの最も重要な取り組みと認識しているからである。フリーアクセスのプログラム開始以来、ブラジルのエイズ患者の死亡率は約五〇％低下し、エイズ症関連の日和見感染も約六〇―八〇％少なくなったという成果をあげている。ブラジル政府の試算によれば、一九九七―二〇〇一年の間に三六万人が通院しなくても治療することが可能になった。ブラジル政府の取り組みの成果は、広く世界のエイズ撲滅・予防キャンペーンを行っている活動家から高い評価を受けている。ゲイツ財団もブラジル政府の取り組みは開発途上国のモデルケースであると評しているし、先進国もブラジル政府と同様な取り組みを世界的に推進することが必要であると注意喚起している。

クリントン財団

元米国大統領のクリントンが設立したクリントン財団は、ブラジルとタイの強制実施権行使について全面的に支持を表明した*[144]*[145]。ブラジルとタイの強制実施権行使は貧困国のエイズ患者を救うためには必要な行動であると認めたからである。クリントン財団の狙いは、安いインド産の抗エイズ薬を購入し、それを開発途上国に供給することで、先進国の先発医薬品の価格を下げさせ、その結果、開発途上国の抗エイズ薬の値段を一日一・〇〇米ドル以下にすることである*[146]。この運動は製薬企業の協力のもとで行うことによって重要な意味がでてくる。製薬企業の患者を救うという意思と合意がなければできないからである。すでにインドの製薬企業であるシプラやマトリックスと交渉し、すでに低価格で供給されている最貧困国では更に約二五％の値引き、開発途上国でも約五〇％の値引き合意を引き出している。

これら両財団の取り組みは、強制実施権行使に頼らない医薬品価格値下げ交渉の成果である。医薬品価格は本来自由な経済原理に基づいて決められるものであるので、強制実施権のような最終手段によるのではなく、民間の自主的交渉で決めるほうが両当事者の合意と納得が得られやすい。製薬企業側にすれば、新規医薬品開発の意欲を落とすことなく社会貢献ができる。開発途上国への医薬品供給問題を解決する手段として今後も発展させるべきであろう。

ＵＮＩＴＡＩＤ

ＵＮＩＴＡＩＤは、開発途上国の重大感染症であるエイズ・マラリア・結核に対する医薬品を安価に持続的に供給することを目的として二〇〇六年に設立された国際組織である。抗エイズ薬、抗マラリア薬、抗結核薬の大量輸入あるいは後発薬輸入により安定的に低価格で患者に供給している。ＵＮＩＴＡＩＤは二〇〇九年に医薬品購入の仕組みとして「パテントプール」制度を導入[147]し、二〇一〇年から実際の活動を開始する予定である。パテントプールとは特定の技術、この場合は感染症薬に関連する特許をライセンスすることを合意した組織体である。抗エイズ薬の特許権者がライセンスできるように共有の特許プールを作り、そのパテントプールに後発医薬品製造者がアクセスして低いロイヤルティで抗エイズ薬のライセンスを受けられるようにしたものである[148]。ＵＮＩＴＡＩＤの役割は多くの抗エイズ薬特許権者である大製薬会社を説得してパテントプールを大きくすることである。すでにギリアードやメルクなど抗エイズ薬製造会社がパテントプールへの参加を表明している。

製薬企業にも変化が見られるようになってきた。例えば英国のグラクソスミスクラインは抗エイズ薬の特許を開放し、無償ライセンスによって開発途上国へ安価に供給すると宣言している[149]。このように欧米の大製薬会社は抗エイズ薬やマラリア治療薬など開発途上国で流行している感染症に対する治療薬を安価に供給するプログラムあるいは疾患そのものの研究活動を始めている。これらの活動は製薬企業としての本来の姿であるが、費用と利益とのバランスが今後の課題になることは間違いない。

第16節　農民の権利とバスマティ米特許事件

伝統的農業の改良技術が特許化で独占されるバスマティ米特許

香りのよいインドの上質米であるバスマティ米は、インド農民によって気候に適応するように改良されてきた品種である。農民の長年の努力の賜物であり、その成果は農民の権利といえるものである。したがってその成果である種は自由に農民の間で使われるべきであり、種子銀行等を通じて育種研究活動に用いられるべきである。つまり私企業に独占させるものではない。統計によれば、インドで年間六五万トンが生産され、年間四八万九〇〇〇トンが国外に輸出されている。一九九六年から一九九七年の間の輸出でインドは二・八億米ドルの外貨を得ていると報告されている。輸出先は、中東が六五%、欧州二〇%、米国一〇——一五%である。バスマティ米がインドの主要輸出穀物であることがわかる。

伝統的なインドのバスマティ米種の系統に類似したハイブリッド三品種について、米国テキサス州に本拠地を持つライステック[*150]が米国特許5,663,484を一九九七年に取得した[*151]。請求項数二〇からなる本特許には、新規な植物本体だけでなく、その他の米の系統も含まれていた。「バスマティ」に類似した商標"Texmati"や"jasmati"も取得し、米国内で販売を始めた。米国農務省の米の基準では、バスマティ米は生産地に関係なくどこで生産されても一般名として使うことができる。しかし、そのような使い方はインドから輸入されたバスマティ米との間で混乱を起こすことは明らかである。なぜならインドやパキスタンで生産されたものが正統なバスマティ米であると考えられるからである。また、インドから輸入されたバスマティ米が特許侵害でライステックから訴えられるリスクも持つことになる。

インドの科学技術自然資源政策研究財団（ＲＦＳＴＥと略）を含むＮＧＯらがバスマティ特許化の反対運動を起こし、これを受けてインド政府は本特許取り下げ訴訟をすべきであると一九九八年インド最高裁に訴えた[*152]。インドが所有しているもの特に伝統的知識を含む農民の権利を侵害するのはインドの国家主権を侵害するものであるという理由を挙げ、国家主権を侵害されたのであるから、インド政府はその侵害に対抗するのが義務であるとした。この反対運動にはインドの有名な環境保護運動家のバンダラ・シバも関係している[*153]。

二〇〇〇年になりインド政府は、米国特許商標庁に米国特許5,663,484[*154]の再審査を要求した。

しかし、インド政府の要求は特許の第一五項から第一七項の請求項に限られていた。これはインドにおける反対運動の声がこれらの請求項に限られていたからである。インド政府の再審査要求を受け、米国特許商標庁は本特許の再審査を行い、二〇〇一年八月バスマティ米の特許請求項の大半を取り消した。これで、インドからバスマティ米を輸出する業者は脅威から開放されたことになる。インド政府は本特許無効訴訟に数十万米ドルを使ったため、今後同様の訴訟を起こす資金がないと宣言している。インド政府は方針を転換して、ＷＴＯの場で農民の権利が知的財産権より優位であるべきであるとの主張を繰り返すようになった。

以上のように、このバスマティ米特許問題は、生命の知的財産化が深刻な問題を引き起こすことを示した重要な例である。植物の種を発明として特許申請することは、自然や農民による創造性を否定することであり、長い間伝統的に続けてきた農民の改良努力を否定することになる。インドの伝統的な米の名前と品種を先進国で知的財産として私有化することによって、インドの多くの農民が米国へバスマティ米を輸出できなくなるという不利益を受けるという影響も無視できない。

生命の私有化は、それに長い伝統的知識が付随する場合その影響を十分考慮する必要があるということになり、先進国で農業技術を研究開発する種苗産業界では注意が必要であることを示唆している。更に、このような伝統的知識を含む特許が出願された場合、現在の審査基準では伝統的知識を根拠にした審査を行うことは不可能であり、せいぜい先行文献として取扱われるだけである。したがって、生物資源とそれを含む伝統的知識を先進国で特許として私企業に独占権を与えられる危険性がある。このような伝統的知識と知的財産権の問題について早急な解決策を講じることが必要である。

ライステックにしてみれば今回の結論は不満の残るものと思われる。ライステックはインドで生育しているバスマティ米そのものを米国特許にしたわけではなく、それを更に人為的に育種改良し米国で生育可能にしたハイブリッド米を特許化したわけであるから、新規性、進歩性、有用性を有する発明である。この点はインド政府も認めていたが、特許の記載で問題になり結局無効となった。ライステックがより限定した記載をし、バスマティ米という伝統的名前を用いなければ、問題が大きくなることはなかったと思われる。

ライステックは別にTexmatiやKasmatiというバスマティ米の商標を英国で申請した。インド政府はこれにも反対して取下げ申請している。この問題は、商標法における所有権の問題とＴＲＩＰＳ協定で議論されている地域表示問題を含んでいる。インド政府の取下げ申請を受けてライステックは商標申請を取下げた*[155]。ＴＲＩＰＳ協定の第二二条第一項で地理的表示の保護を定めている。本項の地理的表示の保護は「この協定の適用上、「地理的表示」とは、ある商品に関し、その確立した品質、社会的評価その他の特性が当該商品の地理的原産地に主として帰せられる場合において、当該商品が加盟国の領域又はその領域内の地域若しくは地方を原産地とするものであることを特定する表示をいう。」と規定されている。インド政府は、バスマティというのは伝統的にインド、パキスタンで生産している香り米の名称であるから、ライステックの商標申請はＴＲＩＰＳ協定第二二条第一項に違反していると主張した。地域表示問題は伝統的知識と知的財産のあり方について新たな争点を提起している。

第17節　遺伝子組み換え植物を巡るモンサント・ラウンドアップ事件

モンサントのラウンドアップ耐性遺伝子組み換え穀物特許の権利行使は農民の権利を奪う

米国モンサントは化学会社で農薬などを作っているが、近年植物の遺伝子組み換え技術の開発に力を入れ、遺伝子組み換え植物の種子を広く世界に販売している。自社の除草剤ラウンドアップの有効性を高めるため、除草剤ラウンドアップに耐性のある遺伝子を組み込んだ農作物を作出している。ラウンドアップを散布してあらゆる雑草を根絶やしにしても、ラウンドアップ耐性遺伝子を持った大豆やカノーラは生育することが可能になり、農家にとって大変都合の良い農作物となる。

ある農民がラウンドアップ耐性遺伝子を持たない大豆を植え、隣の農民がラウンドアップ耐性遺伝子を持った大豆を植えた場合、大豆タネができるときに両者が遺伝的に交じり合う可能性が非常に高くなることはよく知られている。ラウンドアップ耐性遺伝子を持たない大豆、すなわちモンサントからタネを購入しない農家が次の年に前年とった自分のタネの一部を蒔くことは農民の権利として保護されているが、その蒔いたタネの中にラウンドアップ耐性遺伝子を持った大豆が含まれていた場合どうなるかが問題となる。モンサントはラウンドアップ耐性遺伝子の特許を保持しており、遺伝子組み換え作物の独占権を持っている。

モンサントはラウンドアップ耐性遺伝子組み換え体「Roundup Ready」カノーラ種子をカナダで販売しており、特許権の使用に対して一エーカーあたり一五カナダドルで農民にライセンスしている。農民は毎年モンサントからラウンドアップ耐性カノーラをライセンス付きで購入しなければならない。その際、購入農家はライセンスと同時に毎年購入し保存をしないという契約を取り交わすことになっている。モンサントは農民が昨年購入した種子を保存していないか、近隣農家から種子を譲り受けていないか厳しく監視している。

カナダのサスカチュアン州で大規模農業を営むシューマイザーは、モンサントの特許権のある遺伝子組み換えカノーラ種子をモンサントから購入したことはない。しかし、シューマイザーの農場で収穫された一九九八年産カノーラの、九五—九八%はモンサントの特許権のあるカノーラであることがモンサントの独自調査で明らかになった。モンサントは、シューマイザーに特許種子の購入とライセンスを受けるように圧力をかけたが、シューマイザーは、それは風媒花の性質によって他所から自然に運ばれ、自分の農場で勝手に生育したカノーラであると主張した。また、基本的に、農民が栽培用に種子を保存し使用するのは伝統的知識に裏打ちされた「農民の権利」であるとも主張した。シューマイザーは、モンサントの特許は無効であるとの主張を加えて権利保全の裁判を起こした。

この裁判が注目される理由のひとつは、農家に植えられた特許権のある遺伝子組み換えカノーラ品種が、風によって自然に近隣に運ばれ他所で自生した場合、特許品種の所有者はだれのものかという点である。シューマイザーは自身の農場に生えたカノーラは自分のものであると思っており、どのカノーラがモンサントの特許植物であるかわからない。また、シューマイザーは積極的にモンサント特許植物を無許可で繁殖させたわけではない。

来年のための種子を保存する行為は、伝統的知識として長年農民の間で培われた「農民の権利」である。したがって、農作物で広く認識されている「農民の権利」は特許権の例外となりえるのかということが問題である。

カナダ連邦高裁*[156]の判断では、農家は特許を持つ企業との契約なしにその作物を栽培する権利はないと結論した。モンサントのカナダ特許1,313,830は有効であり、その遺伝子を含む高等生物にまで権利が及ぶと認定した。特許遺伝子を含む種子を無断で商用に使用することは特許法違反であり、侵害を構成するとした。シューマイザーはこの判決を不服としてカナダ最高裁に上訴した。

カナダ最高裁の判断*157は五対四で連邦高裁の判断を支持した。大規模農家が商用に農作物の栽培を行う場合、特許遺伝子を含む遺伝子組み換え農作物を無断で栽培することは特許法違反である。特許化された目的物を商用のために保持することは、推定使用を少なくとも構成すると判断した。使用者である農民の意思の有無は一般的に重要でない。特許権のある遺伝子や細胞を含む植物を保持し、種を植え、それを収穫して売るという行為は、商業的見地からすると特許権の使用であり、無断であれば特許権の侵害であると判断された。

しかしながら、シューマイザーが特許権のある植物を使用して得られる利益は、特許権のない植物から得られる利益に比較して多くない。したがって、モンサントは、シューマイザーの特許侵害によってダメージはなく、その賠償は必要としないと結論付けた。

カナダ最高裁判決で、特許権は「農民の権利」より上位にあるとの判断がなされたことが重要である。慣習法による「農民の権利」は特許法の例外にはならないことになる。しかし、この判断は多くの課題を残すことになった。農民は長年の習慣として農作物の種子を保存し、翌年の栽培に備えている。農民はそれが特許権のある種子かどうかは知らない場合もある。農民が保存した種子を他の農民に販売することもありえる。モンサントは特許権のある植物は農民が自主的に排除すべきであると主張するが、農民は自分の農場に生えている作物に特許があるかどうか判別することはできないので、モンサントの主張には無理がある。

農民が大会社を相手に裁判闘争を最高裁まで継続したのは稀であり、農民が強い意志と信念を持っていたからと思われる。シューマイザーは裁判を通じて約四〇万カナダドルの裁判費用を使ったといわれている。裁判で負けたわけなので、賠償金も支払う必要がある。これはシューマイザーにとって大変な財政的負担である。それ以上に、シューマイザーが五〇年間育ててきた植物を自分の農場に植えることができなくなったことは大変な痛手であると思われる。シューマイザーはもはや五〇年間植えてきた植物を植えることを止めた。しかし、その後もシューマイザーの農場に遺伝子組み換え体が自然に生えてきたので、シューマイザーはそれをすべて除去し、その費用をモンサントに要求した。モンサントは最初費用の支払いを拒否していたが、その後和解により解決している[*158]。

現実に遺伝子組み換え種子特許問題は解決したのであろうか? 遺伝子組み換えした植物の種子が風、昆虫や鳥によって撒き散らされるのを防ぐことは不可能である。多くの植物学者はいろいろな品種の混合を避けるのは困難であろうと推測している。組み換え植物とそうでない植物は見かけ上全く同じである。そのため、農民はどれが組み換え植物かそうでないかを調べる手段を持っていない。モンサントは、遺伝子組み換え植物が普通の植物を栽培させている農場で見つかったら、無料で遺伝子組み換え植物を取り除くとしている。しかし一本一本遺伝子を調べて判定するのは不可能である。モンサントは農薬耐性組み換え体を検出するためにその農薬を散布するとしているが、そんなことをすれば遺伝子組み換えでない普通の植物は死んでしまうので、現実的ではない。

したがって、遺伝子組み換え植物の混合を防ぐことは現実的に不可能である。モンサントから遺伝子組み換え種子を購入しない農家は遺伝子組み換え植物が混ざった自分の種子を植えることはできないという不合理な状態に陥る。少しでも遺伝子組み換え体が混ざっていればモンサントに特許侵害で訴えられるからである。このような不可抗力による特許侵害問題は法律等の制定によって政治的に解決するしか方法は残されていない。そのポイントは、自然現象で撒き散らされた遺伝子組み換え植物の取り扱いをどのように考えるかであろう。農民が関与しない自然伝播によって遺伝子組み換え植物が含まれていたとしても特許侵害にならないとするのが自然である。

このような混乱を回避するため、二〇〇三年カナダバイオテクノロジー諮問委員会が設立され、いくつかのガイドラインが制定された[*159]。それによれば、特許性のある高等生物は特許として認めるべきであるとしている。更に、「農民の権利」を特許法に含むべきであるとも述べている。その「農民の権利」では、農民による特許権のある植物の種子やその他の形の保存を認めるべきであり、それを特許権の例外とすべきであるとしている。ただし、「農民の権利」で保存された種子は商用として販売すべきではないし、特許権者の商用価値を損なうべきでないとしている。また、悪意のない近隣者も特許侵害の例外にすべきであると考えている。特許権のある種子の偶発的な流布は特許権の侵害にはあたらないという見解である。本課題は今後議論され、法制化されていかなければならない。

米国モンタナ州で議論されている農民の権利保護法案

モンサントが農民を特許侵害で訴える行為は米国にも拡大している。一〇〇人以上の農民が米国二七州で特許侵害したとしてモンサントから九〇件の侵害訴訟を提起されている。また数百人の農民がモンサントによって毎年調べられている。これはモンサントの権利行使問題の氷山の一角であり、数百人の農民は穀物特許侵害でモンサントと和解しており、農民は多額の金を払っている。しかし、その和解内容の非公開も約束させられているので実態は明らかでない*160。ある北ダコタ州のケースでは、モンサントの被害額を三倍に見積もったり、故意の侵害があったとして三倍賠償を要求したり、弁護士費用の支払いを要求したりしている。更にモンタナ州周辺のタネ配送業者二五〇社に手紙を送り、侵害者にはタネを売らないように警告している。裁判は却下されたが、農民に残った傷跡は深い。

これらの農民の権利を守るためにモンタナ州では農民保護法案が提案された*161。モンサントの強引な侵害調査と訴訟方法に制限を加えることによって農民を保護しようと試みる法案である。同様の法律は北ダコタ州、南ダコタ州、メイン州、インディアナ州、カリフォルニア州、バーモント州、ニューメキシコ州で成立あるいは審議中である。モンサントは調査会社を使って農場から穀物のサンプルを採取し、それを自社で遺伝子解析を行って特許侵害かどうかを調べている。モンサントの提示する契約によれば、侵害裁判はモンサント本社のあるミズーリ州のセントルイスで行うことが決められており、各州の農民は裁判のためにセントルイスまで来なければならない。

モンタナ州の農民保護法案HB４４５の特徴は、

(1)農家へ立ち入り検査を行う場合は農家の許可が必要となる。農家は自分のサンプルを第三者であるモンタナ州農務省に持ち込むことができる。

(2)農民保護のため、農民が特許穀物とは知らずに得た場合は特許侵害の責任を問われない。

(3)侵害訴訟はモンタナ州内の裁判所で行う。
となっており、問題の現実的な解決方法を提示している。最も問題となると考えられるのは(2)の農民が知らないで自然に農地に生えた特許作物については特許侵害に問われないことである。自然に伝播した場合を想定しているが、モンサント側からすれば農民が知らないと主張すれば侵害を問うことは不可能となるという問題が残されている。

モンサントは当然、本法案に反対の意見表明している[*162]。反対の理由として、医薬品特許問題と同様の論理を展開している。特許穀物の開発には相当な資金を費やしており、特許穀物種子が高い価格で売れず利益を得ることができなければ次の特許穀物開発ができないとインセンティブを強調している。モンサント側の最も強力な反対意見は、もしモンタナ州でこの法案が成立すればモンサントはモンタナ州で特許穀物の種子を売ることをやめるという脅しであろう。そうなれば、モンタナ州の農民が困ることになることは明らかである。

農民保護法案HB445の審議の中で、遺伝子組み換え植物の恩恵と「農民の権利」の間でバランスをどのようにとるのかモンタナ州議会が議論を続けている。これはライフサイエンス分野における特許権による研究開発のインセンティブと農民あるいは研究者の自由を巡る争いの典型例である。モンサントは種苗特許によって農民を支配することになり、農民の伝統的な権利である種子選択や保存の権利を奪うことになる。これは米国での事例であるが、開発途上国に種子を売る場合はさらに複雑な貧困とのバランスをどのようにするか問題となるであろう。

特にモンサントにとっては、顧客である農民を訴えることになり、その権利行使を厳格に行えば顧客が困窮することになり、モンサントにとって得策ではない。モンサントは権利行使を厳格に行うのではなく、公共の利益とのバランスを考えて行動すべきである。

第三部

科学の発展とオープンイノベーションへの道

第1節　パテントプール

協働的知的財産管理としてパテントプールをライフサイエンス分野に導入可能か

ライフサイエンス分野における「アンチコモンズの悲劇」*163を回避する方法としてパテントプール方式が検討されている。アンチコモンズの悲劇とは、研究成果が特許によって私有化されることにより将来の研究や技術開発への利用が制限され、科学の進歩が阻害されることを示している。アンチコモンズの悲劇は「コモンズの悲劇」と対になって言われることが多い。コモンズの悲劇*164とは、共有する資源が無秩序な利用によって破壊され共有性が失われる現象を表している。アンチコモンズの悲劇は発明の普及という特許の精神と逆行する現象であり、この問題を解消するため科学の進歩に応じた新しい特許活用の仕組みの開発が求められている。提案されているパテントプール方式はすでにITや電気業界で広く行われている方法である。公正取引委員会が発表した「標準化に伴うパテントプールの形成等に関する独占禁止法上の考え方」では、

「ある技術に権利を有する複数の者が、それぞれの所有する特許等又は特許等のライセンスをする権限を一定の企業体や組織体（その組織の形態にはさまざまなものがあり、また、その組織を新たに設立する場合や既存の組織が利用される場合があり得る。）に集中し、当該企業体や組織体を通じてパテントプールの構成員等が必要なライセンスを受けるものをいう」と定義されている。

今後、ライフサイエンス分野では生体のダイナミック情報の解析がますます進み、多くの生体内動態情報の特許がデータベースとして蓄積すると予想されている。このような中で、遺伝子などの生体情報特許やリサーチツール特許の活用について原則を明確にしておかないと、今後のライフサイエンスの発展は停滞する可能性がある。

ライフサイエンス分野における現在のビジネスプラクティスでは、製薬企業が医薬品などの物質特許を互いにクロスライセンスし合う習慣は少ない。バイオインダストリー協会を通じて行ったアンケートでもクロスライセンスを行っているという回答はなかった*[165]。理由のひとつに、医薬品一つをカバーする特許はせいぜい一〇件くらいで、電機、ＩＴ分野に比べて少ないことがあげられる。また製薬企業の医薬品に対する独占欲が高いことも理由のひとつである。したがって、パテントプール形成要件であるクロスライセンス習慣が発展しないことが、ライフサイエンス分野でのパテントプール形成を難しくしている。また、ライフサイエンス分野でパテントプール形成を行う企画をしても、国外企業の参加が必須であり国際的なパテントプールしか機能しない。たとえば遺伝子特許取得国は圧倒的に米国が上位である。日本企業だけで遺伝子特許のパテントプールを形成してもその実効性は小さい。国外企業を巻き込んだ、あるいは世界規模のパテントプールができるとすれば、そのモチベーションをどのように形成し特許保有者に働きかけるかが課題である。国際的なパテントプール形成は関係企業だけでは無理で、関係行政官庁が国際連携のもとで主導していくしか方法はない。まず、パテントプール形成に向けた行政当局、研究機関あるいは学会のガイドラインの作成が必要と考えられる。行政機関において、こうしたパテントプール設立に向けた行政指導を行うような場合は、独占禁止法上の問題を惹起しないよう、事前に公正取引委員会と調整する必要がある。公正取引委員会は新たな分野における特許と競争政策に関する研究会報告書にライフサイエンス関連分野パテントプールについての考えをまとめている。それによれば、「パテントプールは、複数の特許権者による特許の相互利用や第三者による合理的な条件での特許利用が可能となり、競争促進効果を有する側面もあるが、その態様によっては、競争制限的な効果を有する場合もあり、こうした場合は『特許・ノウハウガイドライン』の考え方により対応する必要がある。」とされており、パテントプールについて競争制限の観点からその危険性を指摘しているので、公正取引委員会の認可を得るのは相当困難であると思われる。

遺伝子特許パテントプール形成において頻繁に発生する問題はアウトサイダーの発生であると予想される。アウトサイダーとは、重要な特許保持者の公共研究機関、バイオベンチャー、パテントトロールと呼ばれる特許管理会社がよく採用する戦略で、制限のあるパテントプールに入らずあるいはパテントプールから脱退して独自のライセンス活動を行うことである。その理由は、遺伝子やタンパク質特許が他の分野に比べて代替性のない基本特許になりやすく、特許回避が困難になるからである。そのため、そのような特許を持つところはライセンスによって投資回収する確率が極めて高くなる。バイオベンチャー等にとって収益を生む可能性のある遺伝子やタンパク質特許はパテントプールのような共同市場におかず、独自でライセンス活動を行う傾向が強い(いわゆるホールドアップ現象)[*166]。ただし、独自のライセンス活動で目論見どおりの利益が回収されるとは限らず、逆に特許無効訴訟などに発展し多大な出費を強いられる場合が多いのも事実である。結果として、いずれの側も利益を得ることはないし、科学の発展に貢献することも少ない。

代替性のない遺伝子特許のパテントプール形成を促進するためのドライビング・フォースをど

のように醸成するかがさしあたり重要課題である。ライフサイエンス分野にパテントプール形成を促す要因は一般的に、①遺伝子情報、技術の集積、統合データベース化、②ライセンス料の低減化、③特許侵害からの予防的クリアランス、④コストがかかる侵害訴訟の回避、が考えられる[*167]。しかし、遺伝子特許の特許権者の中にはしばしばこのような要因を無視あるいは忘れて、利己的なライセンス行動に出る場合がある。あるいはパテントプール制度を嫌ってアウトサイダーになる場合もある。パテントプール形成に必須の特許を保持する権利者がこのような行動をとればパテントプールは形成できない。このような状態を少しでも改善するために、バリエーションとして個別ライセンス交渉の制度をある程度取り入れて自由度を持たせるようなプラットフォーム方式パテントプールなど制度上の工夫が必要であろう。あるいは、パテントプールに入ることにより税制面で優遇処置を講じる工夫も必要になるかもしれない。

ライフサイエンス分野のどのような領域で遺伝子特許のパテントプールができるか、どのような枠組みが現実にできるのか検討することは重要な課題である。遺伝子にも多くの種類があり、その重要度あるいは下流研究への影響は千差万別である。例えばNF—κB遺伝子のようにあらゆる生物に必須の遺伝子もあれば、GLP—1遺伝子のように糖尿病のようなある特定の疾患分野だけで関心のある遺伝子もある。遺伝子特許のパテントプールができるとすれば、①基礎的な生命反応に関与した遺伝子特許プールと、②各疾患に関連した遺伝子特許プールの大まかに二分類できる。さらに、各疾患に関連した遺伝子特許プールは糖尿病関連遺伝子群、がん関連遺伝子群、ホルモン関連遺伝子群、疾患ウイルス関連遺伝子群などの各疾患別に分類できる。たとえば「糖尿病関連」と「遺伝子」を含む日本出願特許件数は三六件ある。この三六個の糖尿病遺伝子がすべて必須遺伝子としてパテントプールに参加したとしてもさほど大きなパテントプールとはならないだろう。このように疾患の細分化と含まれる遺伝子の減少のバランスを考えなければパテントプール形成が困難になる。

まず検討しなければならないのは、遺伝子特許などリサーチツール特許のうち該当分野におけるパテント数とその分散度、集積の可能性、重要度あるいは下流研究への影響度である。これらの要件をクリアできるのは遺伝子あるいは遺伝子に付随するリサーチツールである。遺伝子特許についてパテントプールの可能性を検討することにする。特許庁はＤＮＡチップに遺伝子を搭載するケースについてパテントプール形成の可能性を報告している[*168]。その中で遺伝子特許群の分散度を重視している。まず各疾患に関連する遺伝子群毎にパテントプールを形成し、各疾患の事情に応じてライセンス条件、特に最大ロイヤルティ率を決定する。このような糖尿病、がん、ウイルス感染等の疾患遺伝子毎のパテントプール群を取りまとめる組織としてプラットフォーム形式が考えられており、そこではＩＴ分野３Ｇプラットフォームパテントプールで採用された合理的かつ非差別的条件（ＲＡＮＤと略）と最大累積ロイヤルティ制限（ＭＣＲと略）がライセンス条件の基本となる[*169]。

次に、遺伝子特許にふさわしい形式のパテントプールにしなければならない。いろいろなバリエーションが考えられている中で、プラットフォーム形式がよいのではないかと考える。プラットフォーム形式によるパテントプールとは、一定の規約に合意した複数の特許権者が保有する特許の一つ以上を、お互いに、または第三者にライセンスする協定を結ぶ形式である。ロイヤルティの支払いが低く抑えられるメリットがある。ＩＴ分野でのパテントプールの成り立ちを考えればその特徴がよく理解できる。携帯電話ではひとつの製品を作るために数百の特許のライセンスを受けなければならない。このような状態を解消するため、個々の特許をライセンスすることからお互いに特許をライセンスし合うクロスライセンスが発達した。更に、数社間でクロスライセンスが同時並行的に行われるようになったが、数社間の多数特許のクロスライセンスでは膨大な交渉労力と時間が必要であった。そこで関係組織が一同に会し、お互いの特許を集団でクロスライセンスするようなしくみを考案した。これがパテントプールである。パテントプールは、それに参加することにより、個々の特許がＲＡＮＤ条件で利用することが可能でなければならない。

またプラットフォーム形式の場合、非営利研究へはフリーライセンス、営利研究へのライセンスには使用目的に応じてライセンス条件を設定することが必要である。

プラットフォーム形式によるパテントプール形成に共通する要件は次のようになる。①すべての特許権者はパテントプール管理組織に通常実施権を付与する。逆に特許権者はパテントプール外では自分の特許について制限はない。②独立した専門家グループがパテントプール内の特許の重要度を評価する。その他の評価法を用いることもある。③パテントプールはプール外の希望者に対して差別することなくライセンスできる（いわゆるRAND条件）。④すべてのロイヤルティは正当なものでなければならない。その配分はあらかじめ決められた方法で行われる（いわゆるMCR条件）。⑤すべてのグラントバック条項は主要特許に限定され、適切な条件の通常実施権条項を含まねばならない。ここでいうグラントバック条項とは、技術契約において、ライセンシーがライセンス技術をベースにした改良技術をライセンサーに供与することを義務とする条項のことである。本条項は将来の改良発明を阻害するようなものであってはならない。

現実に遺伝子パテントプールを形成するとしたらどのようなプロセスになるのかを検討する。各パテントプール群の用途と事情に応じて、ライセンス条件をプラットフォーム規約のもとで自由に決定することが求められる。該当する遺伝子特許をどのパテントプールにいれるか、パテントプール内で必須特許とするかどうかは遺伝子特許の分類・認定・評価組織が決定する。この組織あるいは独立した組織を作って、遺伝子特許から汎用性が高く、代替性の少ない基本特許を抽出・分類し、分類にしたがって特許ライセンスの条件を設定する。この組織のメンバーは独立の有識者、弁理士、弁護士などから構成され、特許成立時、特許権者からの申請により分類・認定・評価を行う。分類・認定・評価は各請求項目毎に行われ、以下の三つのカテゴリーに分類・認定・評価されるであろう。①カテゴリー1：汎用性が高く多くの疾患領域で利用可能な遺伝子を含む特許で、少なくとも五社以上がライセンス希望した遺伝子特許がある。例えば、基本生命反応に必要な遺伝子群があげられる。②カテゴリー2：特定の疾患領域でのみ汎用性があり代替性がない遺伝子特許がある。③カテゴリー3：同様な機能を持つ遺伝子がいくつかの会社から特許化されていて、そのうちある特許がライセンスフリーになっていて代替性がある遺伝子特許の場合がある。

なお重要な点は、特許権者から申請のない場合で、五社以上ライセンス希望があった場合は自動的にカテゴリー1に分類される。カテゴリー毎に大まかなライセンス条件を設定する。たとえば、①カテゴリー1では非商用研究にはフリーライセンスを基本とする。商用研究には通常実施権を自動的に付与し、ライセンス料は契約時低額の一時金のみとする。②カテゴリー2では、非商用研究には通常実施権を自動的に付与する。そのライセンス料は契約時に低額一時金あるいは製品に対するロイヤルティを支払う。商用研究には通常実施権交渉を実施することができる。ライセンス料は契約時一時金、成功一時金あるいはランニングロイヤルティを交渉によって選べる。
③カテゴリー3では通常の交渉で自由にライセンスできる。

このようなシミュレーションが遺伝子特許のパテントプール管理機構構想について考えられる。この機構が遺伝子特許分類・認定・評価組織によって分類された遺伝子特許をデータベース化し、管理・運営を行う。またライセンス希望があった場合の契約仲介を行う。さらにライセンス料の徴収と分配も行う。

しかし、先に述べたように、アウトサイダーをどのように防ぐかを最初から明らかにしておくことがパテントプール組織成功の鍵と思われるが、残念ながら現在はよいアイデアが提案されていない。今後の課題である。ちなみに二〇〇五年に発表された米国科学アカデミーの研究成果*[170]の中にパテントプールについて次のような提案がなされている。ＮＩＨはゲノム特許、遺伝子特許、タンパク質特許、およびリサーチツール特許の大学、産業界、政府間のパテントプールあるいはクロスライセンスについて研究すべきであると提案している。今後この方針に従ってＮＩＨがイニシアティブを取ってパテントプール形成に努力すれば、ライフサイエンス分野の特許問題はかなり改善の兆しが見えるのではないか。ＮＩＨは米国のライフサイエンス研究に最も大きな影響力を持ち、パテントプール形成の要となる大学関係発明者の利益配分が減ることに対して調整的役割を果たしてくれる可能性が高い。

第2節　産学連携のありかた

産学連携における知識移転の基本問題

大学など研究機関の主な役割は知識の創造であり、現在も大部分の研究成果は知識として論文等で公表され、成果としての有体物は自由に移転される。創造された知識は公共に提供され、活用されてきた。大学などにおいて創造された知識を積極的に利益に結び付けようとする努力は少なかった。それでも、科学が進歩してきたわけであり、産業界はその創造された知識を使って産業を発展させてきた。これが科学技術発展の基本的な姿であり、知識創造の場である大学などが組織されて以来続いてきた科学の伝統である。科学者のモチベーションは科学進歩への貢献の喜びであり、知識におけるプライオリティである。

一方、産学連携の観点から考えると、大学などは知識を創造するが自らそれを活用し産業を興すことは少ない。これが大学などを不実施機関と呼ぶ理由である。大学は創造した知識を産学連

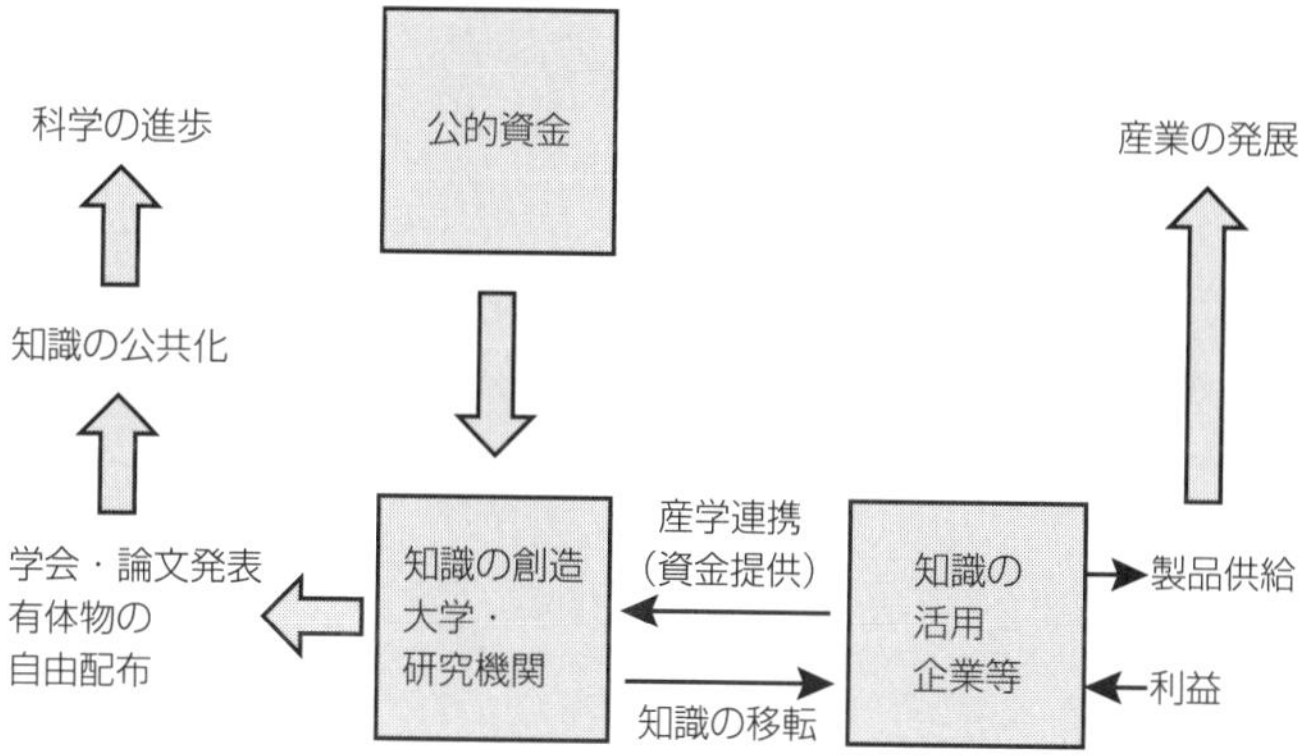

図１　プロパテント前の知識の創造と産業界への移転形態＊171

携という名のもとで実施機関である産業界に移転し、産業界はその新知識を活用して製品を市場に供給し、利益を得ている。これが産業の発展につながる。つまり、大学などで創造された知識は産業界に移転されて初めて利益となり産業への貢献が実現することになる。このような知識の創造と移転による科学の発展と産業の発展を表したのが図1である。

しかし大学などの知識創造の状況は大きく変化してきた。特に米国において産学間の技術移転についての規則であるバイ・ドール法の制定以後、公的資金により行われた研究開発の成果である知識は、いままで政府のものとして運用されていたが、大学側や研究者に知識を特許権として私有化させる余地が認められた。

制定二八年を経た今、米国ではバイ・ドール法の効果について広く分析されている。特に産学連携の仕組み、及びその効果に問題が発生する場合が多い。象徴的に取り上げられるのは「死の谷」あるいは「ダーウィンの海」という言葉*[172]である。両者とも研究段階から開発段階への移行が困難であることを表現している。研究段階から開発段階、あるいは試作段階から商業化段階への移行には資金、管理、組織等で研究段階とは異なる新たな課題を解決しなければならない。大学などの研究機関の研究成果が産業に結びつかないのは研究資金を提供している国家として深刻な問題である。その理由の一つとして知的財産問題があり、大学が、本来の使命である知識移転に「利益」という実施機関である産業界の慣習を導入したことにあるのではないかと考えられる。バイ・ドール法制定以後の大学などの知識の創造と産業界への移転としての産学連携のあり方の問題点を明らかにし、あるべき姿について考えたい。

バイ・ドール法制定以後、知識創造の現場における問題点として、科学技術・学会の弱体化がある。知識交流の場である学会が軽視され、不活発になる傾向がある。学会における討論の不活発、学会における企業研究者参加の減少などが顕著な例としてあげられる。さらに論文発表の遅延が深刻な問題として取り上げられている。その原因として「学会発表より特許出願」という風潮が科学者の間に存在する。研究成果の公開である知識の共有化の遅延は、科学技術の進歩という観点からすれば大きな問題である。学術研究成果の情報公開の遅延についてブルメンタールら*173の一九九七年の報告によれば、二一五七人の研究者のうち四一〇人（一九・八%）が特許出願あるいは特許権紛争解決などの理由により研究発表を六か月以上遅らせた経験があった。また一八一人（八・九%）が競争相手の研究者とデータ交換をしなかった。このように研究発表を遅らせるのは、産学連携を行っている研究者あるいは先進的な研究者で著しい傾向にあった。キャンベルら*174の論文によれば、四七%の研究者が過去三年の間で請求した研究データや情報の提供を拒否された経験を持っていた。一〇%は論文発表後でも追加データの提供を断られている。その結果二八%の研究者は発表論文の検証を行えなかったと報告している。一二%の研究者は他の研究者への発表論文に関するデータの提供を意識的に拒否していた。その理由として八〇%は情報提供のための労力をあげ、六四%は研究室内の他の共同研究者の発表準備をあげている。また、五三%は自身の研究成果を守るためとしている。二五%の研究者はデータ交換が減ってきていると感じているが、一二%は増えていると報告している。かつて科学コミュニティで習慣とされていたデータの交換や議論が特許出願や特許侵害紛争を理由に減少していることは科学技術の発展を阻害していることになる。短期的な阻害効果はないかもしれないが、長期的に影響が出てくる可能性があり、経済的な損失も顕著になる。

大学におけるテーマの決定と研究評価にも変化が起きている。大学における自由な研究が大学の知的財産方針あるいは研究評価と結果に伴う予算配分の両方から影響を受けている。大学の自由研究と産学連携研究のバランスが崩れ、より産業側の産学連携研究に傾斜することにより、大学本来の純粋学問研究が評価されなくなり、学問の発達に影響を及ぼしている。産学連携を重視した大学の研究開発戦略、知的財産戦略を実行すると、本来の知識創造が少なくなり科学の発展に重大な影響を及ぼす。大学などの知的財産戦略においても、「大学発明を特許化するか論文として公開するか」ということを最初に決定しなければ、大学本来の役割を大きく逸脱する可能性が出てくる。大学発明の権利化と論文としての公開のバランスを、大学における知財戦略の基本にすべきである。

さらに困難な問題は、研究成果としての特許に記載されるデータが捏造される場合である。おそらく、特許出願の件数は研究成果の一部であるという評価が広く認識されているため、研究者としては特許出願を増やす必要があり、データを捏造してでも特許を造る研究者が出現するのであろう。しかし、大学などにおける特許はおのずと企業の特許と性格が異なることは明らかである。知識創造機関であり、教育機関である大学が特許出願する場合、特許の内容は少なくとも事実に基づいたものでなくてはならない。研究者の常識（Norm）からすると、科学論文でのデータ捏造はあり得ないことであり、もしそのようなことが起こると研究者の信頼が失墜することは歴史的によく知られた事実である。

大学などの特許出願でデータ捏造が起こる背景には、早急な成果の要求もあげられる。研究成果評価における特許出願数が重要性を増しているが、やっていないことをやったように書くのはデータの捏造であり、研究者のモラル・科学倫理に反するという意識が低下している。特許に捏造データを記載したとしても、論文の捏造とは異なり、社会から糾弾されるわけではなく、特許が無効になるだけであることも一因かもしれない。さらに、その他の原因として、知的創造行為とデータ捏造行為の混同がある。大学の知的財産戦略の問題として、大学特許実務担当者の中に企業の知財実務経験者が多いため、企業における特許出願実務経験をそのまま大学などの特許出願に応用してしまい、出願基準が甘くなることがあるのではないか。実施例の再現性について厳しく審査されず、むしろ創造性があれば仮想のデータでも特許は認められるということを実務担当者等から知らされ、現実性のない仮想データを創作しているのであろう。

基本的な問題として、特許審査における科学データの再現性審査は厳密に行われないことがある。特許審査には科学的専門性の観点からのレビューを行わない。特許審査には論文審査のような仕組みがないため、再現性に乏しいデータまで記載することになる。特許審査官が自ら再現実験をすることはない。大学などの特許の質を向上させるためには、特許出願に論文審査と同様のピアレビューシステムの導入を検討する必要がある。米国科学アカデミーの報告書でもオープンレビュー方式が提案されている[*175]。

捏造されたデータに基づく特許は欠陥特許であるので、無効になる可能性が高い。その場合、実施機関である企業側では、無効事由のある特許のライセンスを受けたとすれば、それを実施することができず不利益を受けることになる。このような事例が積み重なると、大学などの特許が信用されずライセンスを受ける企業がなくなることも起こりうる。

一方、本来大学などの創造知識の発表先である論文においても問題が多い。学会機能・影響力の低下に伴い論文審査が弱体化、形式化している。そのため論文の価値が低下し、業績として認められない状況にあるのではないか。したがって、まず本来の創造知識の発表先である学会の強化に本腰を入れ、学術論文の充実を図る必要がある。

産学連携における知識の創造と移転、知識の活用は図2のように考えるべきである。それぞれの問題について個々に解決策が講じられており改善の方向にあると思われるが、全体をより効率的に運用するには今後も継続した努力が必要であろう。

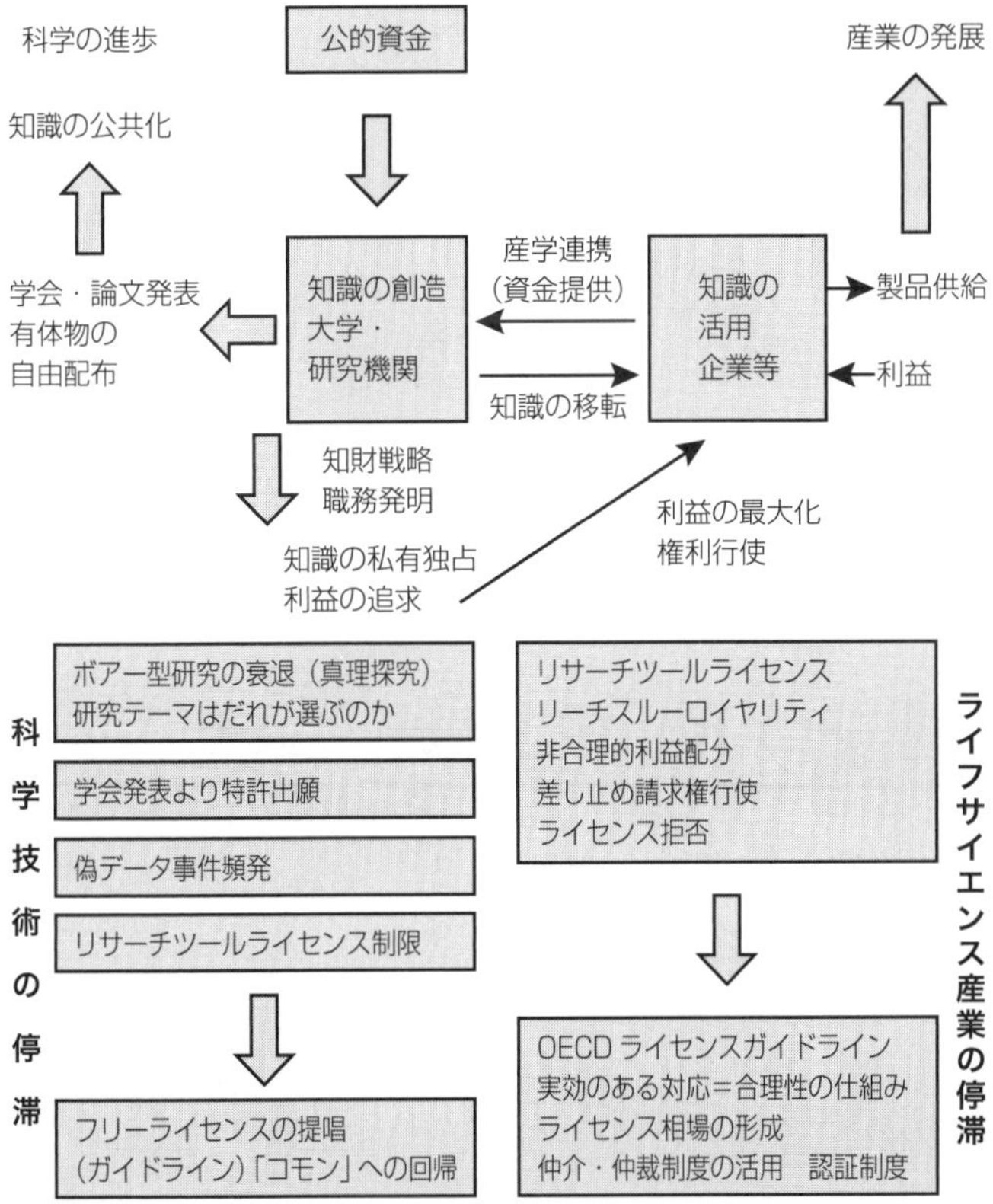

図２　プロパテント後の知識の創造と産業界への移転に及ぼす特許の影響[*176]

ライフサイエンス分野の３つの最も著名な基本特許の活用事例

ライフサイエンス分野で遺伝子組み換え技術のような基本技術は重要である。基本技術はライフサイエンス分野で横断的に広く応用が可能である。このような基本技術を私有化すると代替技術がないので基本技術のアクセスに支障が起き、応用範囲が広い分ライフサイエンス全体の研究に与える影響も大きい。遺伝子組み換え技術を特許化したコーエン・ボイヤー特許[*177]がその典型である。遺伝子を取り扱う研究では必ず用いる基本技術であるからである。バイオテクノロジー関係の研究者の中には、特許権を武器にして小さな会社を興し特許ライセンスによって金儲けをする商才に長けた人も少なくないが、遺伝子組み換え法を開発した二人は、取得した特許をコーエン教授が所属していたスタンフォード大学に譲渡し、スタンフォード大学は、以後の学問発展に重要な貢献を果たすことになると考え、この技術を多くの研究機関やバイオ企業に安価に提供する道を選んだ。その結果、スタンフォード大学は特許権が消滅する一九九七年までに、二億五〇〇〇万ドル以上のライセンス収入を得たと報告されている[*178]。この特許のライセンス契約はその当時としては画期的であり、希望する全ての企業に非独占的にライセンスし、その対価を年間百万円程度と低く設定することで多くの企業が利用できるようにした。結果として高額のライセンス収入を得るとともに、米国のライフサイエンス基礎研究の基盤を築く効果も生んだ[*179]。

成功の要因は、発明者のみならずスタンフォード大のライセンス担当者が遺伝子組み換え技術の重要性、将来性を明確に認識し、できるだけ多くの研究者が使えるようなライセンス条件を設定したことにある。

次に興味ある基本技術としてモノクローナル抗体作成法がある。最初のモノクローナル抗体作成技術は特許を取得しなかった[*180]。イギリス政府の基金で運営されている医学研究委員会（MRCと略）の研究者であるミルシュタインとケラーは、一九七三年にモノクローナル抗体の開発に成功したことを報告した。これは、永続的に増殖するガン細胞と正常で有限の増殖しかしない抗体産生細胞を融合することによって単一の抗体を永続的に大量生産できる画期的な技法であり、開発者はノーベル賞を受賞している。ところが、MRCが特許申請を怠っている間にミルシュタインが論文を公表したため、この手法が周知のものとなって新規性が失われる結果になった。大学や公的機関が金儲け主義に走ることを批判し、特許権の成否に大騒ぎする風潮を戒める研究者がいたためであるともいわれている。いずれにしても画期的なモノクローナル抗体作成技術はオープンイノベーション化され、だれでもアクセスすることが可能になった。そのため、この技術を使った医薬品開発が活発となり、いわゆる抗体医薬と呼ばれる効果の高い医薬品が多数市場にでており、ライフサイエンスのイノベーションに多大の貢献をしている。

表3　基本技術特許ライセンスポリシーの違い

基本技術	特許ライセンスの考え方	潜在市場	ライセンス料総計
マウスモノクローナル抗体作成法※	基本技術のオープン化のため特許取得せず	市場約1.2兆円（2004）	オープン
動物細胞遺伝子導入法（コロンビア大アクセル特許）	積極的なライセンシング活動	市場約3000億円（1998）	合計2億ドル（23社）以上

※後にMRCから改良方法特許（ケラー／ミルシュタイン特許やウインター特許）が取られている。

モノクローナル抗体技術と対比されるのが動物細胞への遺伝子導入方法である。ノーベル賞受賞者であるコロンビア大学のアクセルが遺伝子解析のため遺伝子を培養動物細胞に導入する方法を開発した。現在では培養動物細胞を使った蛋白質医薬品の製造過程に必須の方法となっている。この遺伝子導入技術の特許権者であるコロンビア大学は積極的なライセンス活動を行い、蛋白質医薬製造企業である二三社にライセンスするのに成功した。その結果約二億ドルのライセンス料をいままで得ている。発明者であるアクセルの意図はわからないが、大学側は本特許からできるだけ多くのライセンス料を得ることを目指していることを公表している。アクセル特許の場合、その技術内容から最終製品の製造工程に使われる技術でもあることから、単なる研究に用いられる技術との認識がライセンス関係者にないのではないかと思われる。

表3にまとめたように、発明者の所属機関の特許ライセンス方針の違いにより、この両方法の特許ライセンスは全く逆の方向に

進んだ。これから学べることは、基本特許のライセンスはその所属機関のライセンス方針に大きく影響されること、その方針がイノベーションの進展を左右していることである。そのライセンス方針のため、コロンビア大学の姿勢が批判を浴びたことは間違いない。国費原資の研究成果のあり方、産学連携のあり方を問う問題を提起している。

大学などの研究機関の権利行使による行き過ぎた利潤の追求

ライフサイエンス分野の発明・発見及び技術発展に大きな役割を果たしてきたのは大学などの公的研究機関である。知的財産権に対するこれらの機関の権利意識が高まり、知的財産権を扱う規則や組織の整備が行われている。その結果、公的研究機関が特許侵害、契約違反などの取り組みに積極的となり、紛争が顕在化している。これらの公的研究機関は、自分自身で事業化を行う能力がなく、収入や利益を特許ライセンスに頼っているので、特許侵害、契約違反への取り組みに力を入れる傾向にある。しかし、残念ながら、これらの公的研究機関は、その研究開発が国民の税金である国費に依存していることを軽視しがちである。国民からすれば、税金でなされた研究に更に費用を払うのは納得できない。日本では議論が少ないが、米国ではこの考えが常にバイ・ドール法などで議論されている。

大学がその特許権行使を行い、ライセンス料を積極的に獲得する活動をした米国ロチェスター大学の例を取りあげる。ロチェスター大学の持つ当該特許は炎症反応に関連するサイクロオキシゲネース2（COX―2と略）という酵素、およびその利用方法・治療方法についての特許である[*181]。ロチェスター大米国特許6,048,850では選択的COX―2阻害検出方法を請求範囲としている。COX―2系抗炎症剤をスクリーニングし有用化合物を開発する過程ではかならず使用しなければならない特許である。しかし、問題となったCOX―2阻害剤を特定していない。一九九九年一月、COX―2阻害剤としてセレコキシブ（Celecoxib）[*182]がファイザーにより米国で変形性関節症および慢性関節リウマチ治療薬として発売された。セレコキシブに続くCOX―2阻害剤が多くの製薬会社で開発されている。

ロチェスター大学はファイザーのセレコキシブが特許侵害しているとして訴えた。しかし、ロチェスター大学のCOX―2阻害剤スクリーニング特許は化合物を同定しておらず無効であり、ファイザーのセレコキシブは侵害しないとの判決が米国連邦巡回控訴裁（CAFCと略）で出された[*183]。さらに、二〇〇四年二月、ロチェスター大米国特許6,048,850は痛みの抑制に使われる化合物を特定しておらず曖昧であり、特許法上の書面記載と実施可能性要件[*184]を満たしていないとして、大学の特許を無効とする連邦地裁判決[*185]を支持した。本来、ロチェスター大学としては、大学自身で医薬品のスクリーニングなどを行うことは意図していなかったと思われ、単なる基本的な酵素の性質を示した特許であり、あいまいな特許となった事情はある。ロチェスター大学が本特許を根拠として、膨大な医薬品市場からライセンス料を取ろうと意図したことに問題点があったといわざるをえない。学術研究機関の単なる基本的なスクリーニング方法特許を用いてスクリーニングされ、その結果として得られた医薬品に対してリーチスルー・ライセンスを要求するのは不合理である。リーチスルー・ライセンスとは、リサーチツールのように主に研究に用いられる技術の特許をライセンスし、ライセンスを受けたものがその特許を使って成した研究成果の利益の一部をリサーチツール特許提供者に還元させるようにしたライセンス形式のことをいう。このような不完全な特許をもとに製薬会社を特許侵害係争に持ち込んだり、ライセンスを強要したりするのは大学の本来の目的からすれば常識を外れた行動である。CAFCの判決は、一九九〇年代に盛んになった疾患関連酵素をターゲットとしその阻害あるいは促進を特許請求範囲とする治療方法特許や、スクリーニング特許の有効性について判断した画期的な判決である。標的蛋白質の特定はされているが阻害あるいは促進する化合物は特定されておらず、特許請求範囲が広すぎてあいまいである点が特許無効であるとしたのは正しい判断である。製薬会社の医薬品開発過程の初期であるスクリーニング段階では最終製品と直接の関係が希薄であると認識されたことは、リサーチツール特許の利用を考える上で重要である。

特許活用に関する研究開発現場の考え方

ライフサイエンス分野の遺伝子特許などのリサーチツール特許の使用をめぐる問題が、先端的なバイオテクノロジーを用いる大学などの研究機関や製薬企業の間で深刻度を増している。医学や生物学の研究を遂行する中で研究者の間に大きな心理的影響を与えている。自由な研究ができないのではないかとの悲観的な考えを持つものが増えてきた。リサーチツール特許のライセンス交渉による研究活動の遅延、停滞、中止はライフサイエンスの発展に重大な影響を及ぼしている。リサーチツール特許をめぐる研究者の混乱の実態を把握することは今後の対策を考える上で重要である。大学など公共研究機関の研究者に直接調査した結果が、政策研究大学院大学の隅藏康一教授らによって公表されている*[186]。この調査はライフサイエンス特にゲノム研究分野の研究者に直接対面式で聞き取りしたもので、リサーチツールを用いている研究者の声を知ることができる。二〇〇四年八月一八―二〇日に実施され、得られた回答は一七二名と記録されている。所属が確認できた一三二名のうち大学・公的研究機関に所属するものは一二〇名であることから、大部分は非営利な研究機関に属する研究者ということができる。試験・研究の例外規定に対してライフサイエンス分野の研究者の考え方が興味深い。この設問を研究者にしたとき、特許法第六九条第一項の趣旨と通説は説明されていることから、回答者はある程度の先入観を持っていることになる。しかしこのような試験・研究の例外規定を聞いた際、回答者は直ちに自身の研究環境を思い浮かべて反応したものと思われる。研究者は非商用研究と商用研究の区別は明確ではないものの、大学などの研究機関の非商用研究は特許法第六九条第一項を適用すべきであると半数以上が回答している。その理由は、リサーチツールは研究現場で利用されることが重要であるからとしている。リサーチツールの利用場所は他にないので、研究活動でリサーチツールを制限することは問題であると考えている。リサーチツールを利用する立場に立てば、その利用が制限されるのは困ることになる。しかし、大学における商用研究は特許権の効力の範囲内にあると考える研究者も半数以上いる。大学における商用研究と非商用研究の範囲について明確な線引きはなく、研究者の置かれた状況によって変わるものと思われるが、企業との共同研究は商用研究と考えるのが一般的である。現実的にリサーチツールの特許権を持った場合、大学が行っている研究を商用研究とみなせば、特許権を行使してもよいと考える研究者が半数以上いるということは注目に値する。研究者の一三%はすべての研究は特許権の効力が及ぶ範囲に入るとしている。その理由は明らかになっていないが、自身がリサーチツール特許の権利者であり、その特許によって利益を得たいと考えている可能性がある。あるいは、特許権を持ったのであるからその権利を行使するのは当然であるとの意思を示したのかもしれない。いずれにしても、リサーチツールの特許権を持った研究者が自身の置かれた状況によりその特許権を行使する可能性を示している。

研究者は、リサーチツール特許を非営利研究で自由に使うという考えを持っている反面、いったん自身で特許を保有した場合は特許に対してかなり利己的な考えを持つ可能性がある。このような二面性を制度的にどのように扱うかは困難な問題である。研究現場での特許活用に対する考え方、特に非商用研究の範囲を確立し、具体的な解決策を策定することが早急に求められている。

製薬企業を中心とするライフサイエンス分野の企業研究者が多くのリサーチツールを用いることは、先端分野の新しい発明・発見を利用する研究を実用化し製品の開発を進める上で主要な活動である。日本製薬工業協会及び（財）バイオインダストリー協会が合同で両組織の会員にリサーチツール特許の使用についてアンケート調査*[187]を実施した。ライフサイエンス分野のリサーチツールを用いた探索研究を実施したことがあると答えた会社は三六社あり、その中では一年間で一〇件以上のスクリーニングを行っている会社が半数以上である。探索研究とは医薬品開発の初期段階をいい、たとえば多数の化合物の中からリサーチツールを使って化合物を選別する研究などである。

リサーチツールは多くの場合特許権によって守られており、自由に利用できるわけではない。研究開発の開始が企業内で認められると利用するリサーチツールが同定され、それに関連する特許権の調査が特許部を中心に行われる。いわゆるＦＴＯ（freedom to operate）のための調査活動である。ＦＴＯ調査とは、企業における研究開発活動に用いるリサーチツールについて知的財産権の侵害がないかどうか事前に調査することである。このＦＴＯ調査の結果、たいていの場合、研究開発活動に使われるリサーチツールには特許権が設定されており、それらの特許ライセンスを受けなければ研究を開始することはできないことが判明する。そのためＦＴＯを実現するためには、研究者と特許担当者の協力によりさまざまな特許活動が要求される。特に特許担当者は特許調査で見つかった侵害の可能性のある特許について詳細な検討を行う。当該特許が出願中で審査前であれば、その審査過程に注目することまで強いられる。特許が成立した後では特許無効を申し立てる場合もある。この場合審判あるいは裁判で負ける可能性もあるので、リスクが伴う。最も確実な方法は当該特許のライセンスを受けることである。その場合でもＦＴＯ達成までには多くの困難がある。権利関係が確定するまで、研究者は不安定な状況におかれることになるし、研究活動が遅延する。

リサーチツール特許のライセンス供与先は欧米のバイオベンチャーが多数を占める。さらに最近では日本の大学ＴＬＯ関係者が米国ベンチャーと同様の主張をする場合が増えてきた。そのため企業では日本の大学や公共研究機関とは共同研究で必要なリサーチツールを導入するようにしている。欧米ベンチャーの中にはハウジー特許の例のようにライセンス条件をかなり厳しく要求する場合が見られる。バイオ関連企業のアンケート調査では、リサーチツール使用に対して特許権者から警告を受けた経験のある会社は全体の七割以上にのぼる。その中には一年間に五回以上警告状を受けた会社もあった。三六社中二二社が、警告に対してライセンス交渉を開始しており、誠実に対処していることが分かる。特許権者から警告状を受ける前に自主的にライセンスを受けた二〇の事例が報告されたが、警告を受けると一四に低下した。逆に、ライセンス交渉が決裂し、断念するか裁判を起こした場合が三事例もあった。警告という手段に対して警戒心が強くなり友好的なライセンス交渉でなくなることを示している。裁判費用より安ければ支払う可能性有りというように、特許範囲、特許の有効性・侵害性の有無等についての判断を自身で行うことをあきらめ費用対効果のバランスを考慮してライセンス判断を行うようである。

ライセンス条件として一番困るのはリーチスルー・ロイヤルティを要求することである。データの裏づけのないものに権利範囲が及ぶことがあり、リーチスルー・ロイヤルティの範囲が広くなり法外なライセンス料となる。このように欧米ベンチャーが広範囲なリサーチツール特許を持つことによって優位な立場でライセンス交渉をするため、リサーチツール特許の本来価値に見合った合理的ライセンスとはならない。ライセンスを受ける側には有効な交渉材料がないため不利な状況に追い込まれる。当然特許無効訴訟などの手段も考えられるが、費用対効果を考えればそこまで踏み込めない。欧米ベンチャーはしばしば大企業に買収されることがあり、その場合、リサーチツールライセンスが打ち切られることがある。ライバル会社に同じ技術を使われたくないという競争心の表れである。ひとつのリサーチツールに複数の特許がとられていることがあり、そのリサーチツールを使用する場合複数のライセンスを受けなければならなくなる。例えば、ある酵素を標的分子として医薬品を開発する場合、その標的分子の特許のみならず、標的分子遺伝子、標的分子に対する抗体、アッセイに用いる試薬などに対する特許のライセンスを受ける必要がある。少し複雑な標的分子であれば必要な特許数は増えていく。それぞれについて一―二%のロイヤルティを払うとしても、例えば三つの特許について累積三―六%のロイヤルティとなってしまう。アンケートに回答した全ての会社は、ライセンサー側になったとしても、速やかで合理的なシステムがあれば従う意志があるとしている。基礎研究、探索研究は「試験・研究」であることを明確にするような方策、あるいはガイドライン、パテントプールのような妥当なライセンス契約条件を明示するような動きがあればそれに参加するとしているので、ライセンサー側になっても合理的な条件は堅持するという意思表示であると考えられる。

大学など公共機関研究に対する「試験又は研究」の例外規定の考え方

大学など公共研究機関の研究者の間では、非営利研究活動に道具として使う技術・知識は自由に使えるし、大学などの研究活動には特許権は及ばないという考え方が暗黙の常識となっていた。大学などは利益を生むような研究ではなく真理の探求を行うのが本来の役割であると考えているからである。法曹界で認識されていた学説とは異なり、特許法第六九条第一項にいう「試験又は研究のためにする特許発明の実施」が行えると考えていた。しかし、二〇〇三年一〇月の浜松医科大学モデルマウス事件*[188]や二〇〇四年一一月に出された特許庁見解*[189]により、大学などの公共研究機関の研究といえども特許侵害はあり得るとされた。

このような混乱を沈静化するために多くの議論がなされ、非営利研究を行う公的研究機関の取得したリサーチツール特許はフリーライセンスにすべきであるとの声が高くなってきた。公共機関での科学研究はコモンズの保護および科学雑誌への公開の原則が基本であり、それが科学の発展には欠かせない長年の習慣であるとの原則に立脚した考えが示されている。その結果、総合科学技術会議がガイドライン*[190]*[191]、を作成することで混乱の解決が図られた。しかし、ガイドラインは国内の公共研究機関同士では納得が得られやすいが、日本国外特に米国のバイオベンチャーなどの権利行使に対抗することは難しい。浜松医科大学モデルマウス事件のような事件の再発を完全に防ぐことはできないのではないか。

特許法第六九条第一項の解釈を明確にしておくことが必要である。日本では、産業構造審議会知的財産政策部会特許制度小委員会の特許法制度を検討する場で今までの学説が再度堅持されている[*192]。リサーチツール特許などを利用して行う大学などの研究でも他者の権利を無断で実施すれば権利侵害に当たるとしており、大学などの研究に対する例外を認めなかった。これは科学技術の進歩に対応して特許制度設計を改良・前進させるという基本概念に逆行するものである。将来の学術研究の進歩を促進させるためには、発明の保護と利用のバランスをとり「試験又は研究」の新たな解釈を創造することが求められる。

スイスでは、連邦特許法改正[*193]の中で、リサーチツール特許などで見られる現状の問題の解決に「試験又は研究」の規定を導入した（表4参照）。この中でも第b項及び第d項において、学術研究におけるリサーチツールは例外であるとしたのは注目に値する。

ベルギーでは、特許法が二〇〇五年に改正された[*194]。ヨーロッパ連合指令98/44/EC[*195]のベルギー法への批准を行ったからである。改正法の第一一条によれば、「第一一条（同法の第二

表4　スイス連邦特許法改正（2007/6/22版）における「試験又は研究の例外」の解釈

第a項	非産業目的かつ個人的範囲内で実行される行為には特許権が及ばない
第b項	発明主題以上のものを実現するために行う試験研究を目的に行われた行為、特に発明主題を用いた科学的研究には特許権が及ばない
第c項	2000年12月15日の法律により、医薬品承認を得るために国内あるいは同様の医薬品規制を持つ国で特許を使用する行為には特許権が及ばない
第d項	教育機関において教育目的で発明を使用しても特許権が及ばない
第e項	植物を育成、栽培あるいは発見目的で生物試料を使用する場合は特許権が及ばない
第f項	偶然によるか、技術的に回避できない農業分野の生物材料には特許権が及ばない

八条第一項b改正案）では、特許を取得した発明の対象について、及び／若しくは、特許を取得した発明の対象を用いて、科学的な目的のためになされる行為に対し」となっている。したがって、改正特許法の第二八条第一項b号は、「特許保持者の権利は、特許を取得した発明の対象について、及び／若しくは、特許を取得した発明の対象を用いて、科学的な目的のためになされる行為に対しては及ばない*196」となる。つまり、特許権は発明の主題を科学的な目的のためにする行為のみならず、発明の対象を用いて他の科学的な目的のためにする行為にも及ばないことになり、試験・研究の例外範囲がかなり拡大したといえる。ライフサイエンス分野でリサーチツールなどの特許を利用する研究に例外が適用されるなら、大きな進歩といわねばならない。「科学的な目的」の意味、範囲についての判例の積み重ねに注目したい。

このように、科学技術の進歩に即応して発明の保護と利用のバランスから特許法を改正しようとする動きが世界で起きている。日本でも同じ問題が起きているのであるから、問題解決の手段の一つとして「試験又は研究の例外」について真剣に議論を継続する必要があるだろう。先行する情報を利用して新しい主題に取り組むのが科学であり、その結果科学が進歩する。先行する特許を用いた研究を特許権によってブロックすることは科学の進歩を阻害することになる。しかし、無制限な例外規定はむしろ科学進歩を遅らせる恐れがあるとの意見が依然として多いことも事実である。発明の保護と利用のバランスを考慮した新しい考え方の導入が必要となろう。

第3節　オープンイノベーションへの道

「死の谷」を乗り越えるための特許活用と産学連携

大学などの研究機関は真理の探求を行い、科学技術を発展させるために研究を行うところである。大学独自の発見、発明を実用化・企業化するための問題点は、研究成果に企業が魅力を感じ資金を投下して開発に取りあげてくれるまでどのように初期の開発を進めるかにある。ベンチャーを立ち上げる方法が一般的であるが、ベンチャーを運営し研究開発を継続する資金と人材が不足していることが問題点として多くの分析で指摘されている。このように大学研究がより産業を目指した方向に発展しない状態は「死の谷」あるいは「ダーウィンの海」と表現されている。最終的には大学の研究成果がイノベーションに結びつかないことになる。

「死の谷」状態を克服するためには、国あるいは公共団体が資金提供し、最適な環境を整備するという新しい形態の共同研究組織の創設が必要なのではないか。大学、ベンチャー、企業がそれぞれ得意分野の技術を持ち寄り、ある技術分野についてプラットフォームを形成することが重要である。大学研究でなされた発見、発明を企業開発に結びつけるコンソーシアム形式がふさわしい形である。この形式を継続するためには国、地方自治体が資金援助や税制優遇などの環境整備を行うことが必要である。国、地方自治体の資金援助として、シーズ・ファンド、マッチング・ファンドなど多様なものが用意されているが、大学成果の真価を見抜く産業側の合理的な評価機構の拡充が求められている。企業側が真剣な成果評価を行うにはイノベーションコンソーシアムへの企業の責任が求められる。また制度的には企業が魅力を感じるような成果移転制度も創設しなければならない。

ライフサイエンス分野の新しい産学連携を実行するための特許権活用のありかた

アンチコモンズからコモンズへ回帰するためには特許権の調整をすることが必要となる。大学が自ら特許権を行使して事業を実施することは大学の使命からして本来的でない。大学の研究者が特許をとる目的は、自分の発明した方法の優秀性を学会あるいは産業界で認めてもらうためである。特許という公開手段で研究成果を公表することは、研究者のモチベーションを上げるという目的もあり、確かに新規性＝プライオリティが認定されるにしても、特許は学会とは審査方法が異なり、特許での評価がそのまま学会での評価にはならない。特許審査では新規性、進歩性および有用性から判断しているのであり、かならずしも分野の専門家による審査ではない。特許とは産業の発展に寄与するものであり、学術的な進歩に寄与するのが主な目的ではない。一般的に特許に記載される実験結果は科学的にみて不完全な場合もある。

大学特許は主に基礎的な研究成果を特許化したものが多いので、企業等の行う実際の製品あるいは製品の製造法に関する特許とは性質を異にする場合が多い。大学特許を製品まで結びつけ利益を得るまでには、相当の投資と企業努力が必要であることはよく知られていることである。大学特許が成立したからといって、直ちに大学が利益を得ることはないという認識を大学は強く持つべきである。

ライフサイエンス分野において、大学特許が基礎研究や技術を特許化したものであるとすれば、大学特許を活用するのは主に自らも含めた大学などの基礎研究を行う機関であると予想される。特許権に見合う成果・利益を大学が追求するとしたら大学間でのライセンスが考えられる。大学間で知財権移転を行った場合、利益を生まない大学への特許ライセンスではロイヤルティは全く望めない。さらに大学間の特許権の運用を誤れば大学が大学を訴える状況が出現しないとも限らない。例えば、パテントプールなどの相互使用を行うにあたって、個別特許の汎用性・重要性評価なしには運用できないであろうから、特許評価を不満とする大学がでてくることは容易に予想できる。その場合、不満を持つ大学がアウトサイダーとなり、独自の特許権行使を考える可能性もある。電子産業界で発達したパテントプールにおけるアウトサイダー問題と共通する問題である。このような予見される問題を解決するためには、大学特許のあり方を明確にし、特許を共有化することが必要である。

大学の特許管理においては、大学の本来の目的である科学技術の進歩への貢献を基本原理とすべきである。産業界と学界のお互いの基本的使命・役割を認識した上での協調・切磋琢磨が重要である。開発・製品化を行う企業の研究開発は時間とリスクがあること、同時に、グローバルな研究競争の存在を大学は認識すべきであり、知的財産権の取り扱いもそれらの観点をにらみながらバランスのとれた関係をめざすことが大切である。大学側も企業に対し、出願費用、維持費用の負担、研究にかかわる費用を要請する上に、事業化後のロイヤルティ確保などの要求を画一的に推し進めると、企業としては、コスト的に効率のよい外国の研究機関との共同研究にはしり、結局はわが国の国際競争力が失われることになる。企業との共同研究契約に柔軟性の確保とウイン-ウイン関係の醸成を図るようにすべきである。雛形ベースの一方的な硬直した研究契約を求めないで、個々の案件に応じた契約の柔軟性を確保すべきである。成果配分にも選択肢を設け、交渉により取り決めができるようにした方がよい。大学は、一概にランニングロイヤルティや不実施補償を求めるべきではなく、研究に関するほとんどの費用を企業が負担している場合が多いのであるから、一時金による譲渡などの方法も選択肢として考えられる。大学において、基礎研究を固め、いい成果が出てくれれば、産業化に成功する可能性が高くなる。研究者レベルでの産学研究交流、多くの企業実務経験者を教員に任用し人材面での産学交流を積極的に促進するなどフレキシブルな登用システムを構築することにより、大学内の研究と事業センスをもつ人材が切磋琢磨し、「目利き」が育成される。

米国製薬会社ファイザーの年間研究開発費は約八〇〇〇億円で、そのうち産学連携費は約四〇—五〇億円と報告されている*[197]。ファイザーが医学、生物学の基礎研究を実施するのに必要なリサーチツール特許は約三〇〇〇件を保有している。ファイザーの産学連携の戦略は「学会の発展に貢献しながら製品につながる成果は独占する」というものであり、基礎研究については、同社の保有する化合物や特許を関係する大学や研究機関に無償で提供し、代わりに実験動物や細胞などのリサーチツールを割安で提供してもらうというバーター取引を行うことでリサーチツール特許の実施権を確保している。これはあくまで基礎研究レベルでのポリシーであり、製品化については従来の方針通り「独占的な供与を受け開発は自ら行う」という市場独占を意識した戦略である。製薬会社の研究において基礎科学の成果がすぐに新薬につながるわけではないことはよく知られており、新規化合物が医薬として世の中に出るまでに一〇年以上、八〇〇億円以上かかると報告されている。そのためにいろいろな効率化への努力、成功確率を上げる試みがなされている。

製薬企業で問題となるのは、基礎研究で用いる遺伝子組み換えマウスや細胞、遺伝子、抗体、ソフトなどのリサーチツールについて特許権が設定されており自由に使えないことである。ファイザーは、「自由に使えるリサーチツールを多数確保しておけば新薬開発の短縮につながる」という考えで、リサーチツール特許を実施可能にするための産学連携を強めている。リサーチツールの使用料は年間数百万円で高くないため、この戦略が成立する。更に独占的な実施権でないので、他社への供与を認めれば、提携先の大学の収入も増える効果もある。

スイスの製薬会社ノバルティスは米国マサチューセッツ工科大学およびハーバード大学との間で三年計画の糖尿病関連遺伝変異研究契約を締結した*198。それによると、この共同研究で得られた成果のデータは当事者間で秘密に保持するのではなく、すべて公開する方針のようである。更に、得られた成果のデータベースについては知的財産権を主張することはないとしている。だれでもそのデータベースを利用して、新しい治療法あるいは診断法について特許を取ることができる。これはノバルティスの戦略的判断として、成果の特許化よりもオープン化するほうが糖尿病研究・開発のすそ野が広がるとともに重複研究が減少しスピードアップにつながり、ノバルティスにとってもメリットがあると考えたためである。

ファイザーやノバルティスの例で見たように、世界最大級の製薬企業が大学と産学協同研究を行う際の知的財産権の取り扱いはオープン化あるいはフリーライセンス化になっていく傾向にある。これはアンチコモンズ化したライフサイエンスの特許権をコモンズ化（共有化）しようとする試みであり、今後のバイオ・医薬分野の知的財産権の活用を考える上で重要なヒントを提供している。

第4節　クリエイティブ・コモンズのありかた

クリエイティブ・コモンズとは

クリエイティブ・コモンズ[*199]は知的財産の保護と公共の創造研究保護・促進のバランスをとるための柔軟な知的財産制度を目指して二〇〇二年に設立された非営利団体である。科学分野で長い間の伝統である学会を中心とした自由な情報交換と研究協力関係を維持、発展させるために作られている。自由な情報交換と研究協力を通じて科学の基礎研究を促進させ、新しい発見・発明、新しい医薬品、新しい問題解決手段の開発を進展させることを目的としている。ライフサイエンス分野で蓄積してきたゲノム情報などの知識データベースの取り扱いについてクリエイティブ・コモンズ制度を取り入れる活動が、日本でも文部科学省「統合データベースプロジェクト」を実行するライフサイエンス統合データベースセンター[*200]を中心に検討されている[*201]。

ライフサイエンス分野のイノベーションの方向性を示すコモンズ思想

ライフサイエンスの興隆とその特許化に伴って知的財産制度が改良され、ライフサイエンスのイノベーションがより促進されるよう運営されてきたのは事実である。その結果、二一世紀はライフサイエンスの時代といわれるようになった。今後もライフサイエンスの発展に合わせて特許制度を変革していくことが必要である。しかし、現実にはライフサイエンスの新しい展開に知的財産制度が追いつかず、いろいろな問題が顕在化していることはすでに述べた。その大部分は制度改革によって改善されつつあるが、大きく二つの問題が未解決であることを示した。ひとつはライフサイエンス独自の問題として生命の私有化問題がある。その解決策として知識の共有化（コモンズ思想）が提案されていることは前述の通りである。もうひとつはライフサイエンス特に医薬品開発と農業技術の発展が権利的な弱者に対して役立っているかどうかという問題である。この問題は南北問題として取りあげられる機会が多い。ライフサイエンスの発達によって得られた利益を公平に分配しているかという問題ともとらえることができる。開発途上国での病気の蔓延に対する医薬品の効果は大きいが、医薬品に対するアクセスは財政的問題を引き起こし、開発途上国の病人に医薬品の効果が認められるにもかかわらず必要とする人がそれにアクセスできず、結局不幸な結末を迎えている場合がある。穀物などの植物育種技術はライフサイエンスの大きな成果であり、農業を大きく進展させた。しかし、植物育種技術開発は多くの植物特許を生み、伝統的な農民の権利である自由なアクセス権が阻害されている。

この問題を解決するために強制実施権などが検討されてきたが、特許権者の権利を制限することは困難を極める。両方の権利の間で微妙なバランスが求められ、制度として効果を示すまでには長い時間が必要になる。特許権者の権利制限を行うには発明者の自主的な自覚に基づいた取り組みが最も効果的であろうと考えられる。このような考え方が知的財産制度を取り扱う者から出てきたのではなく、発明者である研究者から発せられているのは興味深い現象である。発明者と特許権者の間でサイエンスと権利に対する意見の食い違いがあるものと思われるが、それはより発明者よりの主張が大きくなってきたことを示している。

ここで二人のノーベル賞受賞者の示唆に富む意見を紹介し、そこから読み取れる将来の知的財産制度について展望してみたい。一人はスティグリッツで社会科学思想特に経済学思想の専門家であり、二〇〇一年にノーベル経済学賞を受賞している。もう一人はサルストンである。サルストンは英国サンガー研究所で研究していた分子生物学者で、二〇〇二年にブレナー、ホロビッツとともにノーベル医学生理学賞を受賞している。サルストンはまた世界的なヒトゲノムプロジェクトで中心的役割を果たした人物でもある。

スティグリッツの見解

スティグリッツは、特許より優れたイノベーション保護方法[*202]があると主張している。すなわち、社会的イノベーションをどのようにして促進するかは現在の経済の中心課題であるから、先進国では知的財産システムを創設し、イノベーションを起こした人に特許権という排他的な権利を付与することによって、イノベーションから利益を得られるようにした。しかし、この知的財産システムが間違いではないかと考える傾向がある。排他権はイノベーションを起こしやすい大企業に集中するようになり、開発途上国の金のない企業は全くイノベーションにアクセスすることができない。この現在のアンバランス状況を改善し、イノベーションを促進するよりよい方法はあるのであろうかというのがスティグリッツの主張である。

さらに他の財産権とは異なり、知的財産権は経済基盤を効率的に使うためにデザインされたシステムである。特許は発明者に対して排他権を付与する。この排他権は合理的な独占権として考えられている。更にその排他権によって利益を得てそれをもって次の発明を起こさせる。このような仕組みを強化するために、近年の知的財産システムは構築されてきた。製薬産業、娯楽産業、ソフトウェア産業によってこのような知的財産システムの強化が図られてきた。しかし、独占はより高い価格と低い生産性をもたらし、独占権を濫用すればその価格はいっそう高いものになる。独占によってより高い利益が得られると考えるのは常に正しいものではない。科学研究において最も必要なことは知識であり、知的財産権はしばしばこの知識へのアクセスを阻害する。特に、かつては公共のものと考えられていたものについて特許化するとその阻害は顕著である。重複する特許の特許請求範囲の争いによって、利益を生むべき特許の活用が困難になるとするのがスティグリッツの述べていることである。

開発途上国は知的財産システムの導入・構築をせまられている。しかし、開発途上国は一九九四年のWTOウルグアイラウンドがもたらしたTRIPS協定に不満を持っている。開発途上国が貧困であるのはいろいろな資源が少ないこともあるが、知識のギャップがあることも大きい。なぜ開発途上国が知識にアクセスできないのかという問題はこれからの世界経済を考える上で重要である。先進国の知的財産制度を強化すれば開発途上国の知識へのアクセスは減少せざるを得ない。TRIPS協定は先進国に対してまだまだ最適な知的財産制度ではないが、まして開発途上国に対して貧弱な制度である。製薬企業は医薬品を販売することにより利益を得ているが、貧困者の病気の治療法やワクチンの開発には冷淡である。その理由は明確であり、貧困者は医薬品を買うことができないからである。開発途上国の公衆衛生問題に、知的財産制度は何の役割も果たしていない。

スティグリッツは、特許制度はイノベーションを促進する唯一の方法ではないと主張する。医学研究における新たな発見に対して与えられる賞もひとつの方法であると述べている。先進国で与えられる賞は多くの病人に対する治療法を開発したものに与えられる。イノベーションに対する賞はもっと効果的であり合理的でなければならない。それが効果的で合理的であればあるほど研究に対する強いインセンティブになるし、独占がもたらす不効率を解消するものであるとスティグリッツは言う。

どのようなシステムを構築したとしても、誰かが研究に対する費用を負担しなければならない。現在のシステムは病気になったものが金持ちであっても貧乏人であっても同じように負担することになっている。つまり、開発途上国の貧困者は金持ちと同じ費用を負担しなければ治療を受けられないのは不合理である。

知的財産の保護がなければある種の創造努力は弱くなるというのはよく知られている[*203]。しかし知的財産制度が他のアイデアを利用することを遅らせれば、科学技術の進歩は逆に停滞する。過剰に強力で複雑化された知的財産権制度が単に研究開発投資の回収を遅らせるだけでなくイノベーションの創出を妨げている。独占状態ができるとそれを排除することが困難であることはマイクロソフトの例から明らかである。かつてマイクロソフトはブラウザ会社ネットスケープを排除したことがあると報告されている。市場の独占力の濫用はイノベーションを阻害する。製品の創造には多くのアイデアが必要であるが、成果物におのおののアイデアがどれくらい貢献しているか測定することは不可能である。伝統的医薬の例が知られている。米国の製薬企業が伝統的医薬から有効成分を単離したことがどれほど伝統的医薬の発展に貢献しているのか明確ではない。製薬企業は伝統的医薬から新規物質を見い出し特許を取り、伝統的医薬を独占するかもしれないが、伝統的医薬のもとになった伝統的知識を持ち、遺伝資源を保持してきた開発途上国の人に利益配分を行うことはない。

先進国にとって知的財産は産業発展に重要な要素であることは間違いない。しかし開発途上国にとって、知的財産は異なった意味を持つことを考えなければならない。TRIPS協定にはこの開発途上国の観点が入っていないとしばしば批判される。世界知的所有権機関（WIPOと略）は全世界にわたる知的所有権の保護の促進を目的として設立された国際連合の専門機関で、国際協定締結の奨励、立法に関する技術援助、情報収集、広報、研究などを行っている。つまりWIPOは常に先進的な知的財産制度を創造するところである。そうであるなら、開発途上国の要望を議論に取り入れ、よりよい制度を目指した広範囲な取り組みを行うべきである。

サルストンの見解

一方、サルストンは科学者の立場からオープンイノベーションを主張している。サルストンは、長年英国のサンガー研究所のトップとしてヒトゲノムプロジェクト推進に指導的役割を果たし、さらに得られた遺伝子配列情報の私有化に反対し公開を実現した。ライフサイエンス分野の知的財産のあり方について先導的役割を果たしているといえる。サルストンは科学やイノベーションがもたらした倫理的課題について今後研究すると表明している。実際には遺伝子特許のありかたについて規則やガイドラインを作成し、開発途上国が衡平に医薬品にアクセスできるシステムを考案する活動であると報告されている。現在の特許制度は患者の要望よりは企業家の必要性に基づいて作られたものである。特許制度は法制度上の問題はないかもしれないが、倫理上の破綻であるとサルストンは言う。開発途上国の患者に医薬品を届けることの重要性をもっと考慮に入れるべきである。ライフサイエンス分野における特許を含む知的財産上の問題を明らかにし、解決策を示すために国際生物医学条約の制定が提案されている。この目的のため、サルストンはライフサイエンス分野の倫理学者ハリスとともに科学、倫理とイノベーション研究所*[204]を設立し、研究を行っている。

サルストンが二〇〇六年ＷＩＰＯで講演した記録は知的財産のあり方について示唆に富むも

のである[205]。サルストンはその経験から知的財産制度について疑問を持っている。研究者は自身の研究活動において常に他人の知識を利用しその上に新しい知識を積み上げるという基本認識がある。国際的ヒトゲノムプロジェクトにおいて、得られたゲノム情報を自由に公表すべきかどうかについて当時関係していた公共研究機関と私企業の間で激しい論戦が繰り広げられた[206]。ゲノム情報は私有化すべきであるという私的セクターの主張は今までの科学者の持つ規範ともいうべき基本的常識からするとかけ離れたものであった。知識の私有化は知識の最終利用者である大多数の一般人にとってよいことではない。知的財産の問題解決は大多数の人に効果を及ぼすようにすべきで、少数の人の利益を追求する方向にすべきではない。利害対立者の間、先進国と開発途上国の間、科学における発見と発明の間、私有と共有の間、自由利用と排他的利用の間で微妙なバランスが常に求められる。

特許は不明確な効果を持っているということはよく知られている。特許は明らかにある種の創造性を促進するし、特許権者という多くの勝者を誕生させる。しかし、共有物の私有化により別の創造性を低下させるし、その結果多くの敗者を生むことになる。特許は多くの人の意欲を刺激する道具であるので適切なバランスの中にいなければならない。偉大な発見の多くは知的財産によって作られたものではなく、探求の楽しみや喜びによってなされたことを強く認識すべきである。これが科学者の長年積み重ねてきた規範というものである。

特許数の増加と科学の発展には相関関係があることが報告されている。しかし、特許が産業の発展にどれほど貢献しているか分析するには注意が必要であろう。開発途上国では急速な経済成長がみられるが、ある程度の社会的強さを持つまで特許制度によるマーケットの保護を効果的に行うことはできない。特許制度を世界で調和させるという理想は、繁栄に達したものがはしごを取り外し後から来るものを突き放すような勝者の理論であるとの考え方がある。TRIPS協定の柔軟性は紙の上では長所であるかもしれないが、現実に応用するには問題が多く困難を伴っている。例えば強制実施権についていえば、新たな手段の導入は開発途上国にとって全く使えない複雑で高価な方法である。また後発医薬品の安定的供給の促進にならない手段でもある。世界はもっと平等でなければならない。現実は平等を無条件に求めることは困難であるから、平等性はその相互利益があるところから少しずつ導入していくべきであろう。

WIPOの知的財産制度はさらなる創造活動を促進することによって発展できるとサルストンは述べている。現存する知的財産法の維持管理に注力することは創造活動の後退を招くだけである。WIPOの重要な課題として、先進国の貧困層と開発途上国に対する社会正義の堅持と共有物の保護がある。CAMBIAの行っているバイオス運動やクリエイティブ・コモンズは科学情報出版と物質移転契約についてコモンズの普及を目指している。このような新しい知的財産制度について議論があるにもかかわらず、ＷＩＰＯ内ではその議論が限定されており、新しい制度を考えるという発展性が見られない。その理由は、もし新しい知的財産制度を取り入れればこれまで確立した制度が弱くなるのではないかと恐れる勢力が強いからではないか。

医学研究は公共の福祉のために行われるべきであり、その成果である科学的な情報を特許という私有の財産にして必要としているものを排除することにサルストンは強く反対する。今日の特許制度は利益志向に走り、新しい知識を必要としている開発途上国の要求を無視するような状況を生み出している。多くの医学研究者は私企業が遺伝子や遺伝子検査を特許化し独占使用することに強い懸念を示していることを認識すべきである。

知的財産制度の複雑性を認識しなければ調和を図ることはできない。特許のライセンスの仕組みをもっと容易にすべきである。例えば、現在の独占実施権と並存できる新しい報酬制度の可能性を検討すべきであるとサルストンは言う。ライセンス活動で考案されている多くのオプションが今後特許と自由使用の間の広いギャップを埋めるようになると期待される。さらに発展すれば、イノベーションの特許化と自由な利用の間の問題点を解決することができるのではないか。特許の排他性を強める取り組みは発明者にも、科学者にも、ベンチャーにとっても間違いであり、貧困の差を埋めることにはならない。

サルストンは長年の経験から遺伝子特許に強く反対している。ゲノム情報は共有化すべきものであって私有化すべきものではない。遺伝子の配列解明・データベース化は発明ではないと考えるが、現在の特許制度では発明として認められる。特許侵害の恐れから多くのゲノム研究者が研究中断の危機に直面していることが報告されている。また多くの重複した特許権を持つ研究者から特許ライセンスを受けるのが困難になっている。特許権を得ることは比較的安価であるが、特許権に異議を唱えることは高価であり、非営利団体にとって裁判などを起こすことは有効な手段ではない。ゲノム情報は生物情報の中でもっとも基本的なものであり、それ自身には実用的な価値はない。ゲノム情報は研究開発に基本情報を提供し、その情報に基づいて更なる研究活動が展開するものである。ゲノムのような基本情報が私有化され、そのデータベースに研究開発が依存するようになると、科学ネットワークの重大な欠陥になりかねないとするサルストンの主張に賛成する。

第5節　科学の進歩促進のためのフリーアクセス運動

人道的観点からのライフサイエンス成果のフリーアクセス運動

ライフサイエンス分野で有用な先端技術、情報にアクセスするには概説したように多くの問題点や障害がある。特に特許権行使との関連では活用制限が存在し、その解決にはライセンス料等の支払いが必要となる。開発途上国が先端の技術や成果である医薬品などにアクセスするのは金銭的にみて困難であることは容易に推察できる。

このような状況を改善するため、多くの非政府組織が自主的に組織体をつくり、開発途上国への科学技術援助のみならず、高価な医薬品などの安価な供給体制を確保するための人道的な運動を展開している。

医薬・医療に関する知的財産の取り扱いや活用に関する問題は、他の産業の場合と異なり知的財産より重要な健康福祉ひいては人類の生命に関わる問題となり公共の利益の観点から議論されている。例えば近年抗エイズ薬で発展途上国から強制実施権を発動された問題は、究極的には生命と知的財産のどちらをとるかの問題となり、生命問題を優先した強制実施は正当な選択である[*207][*208]。人間の遺伝子情報は解明され、三―四万の遺伝情報を含んでいると解析されている。その遺伝情報は個人的なばらつきはあるが基本的機能においてユニークなもので、代替性はない。知的財産的にみれば、遺伝子特許はユニークな遺伝情報をもつ物質特許であり、同一な遺伝情報を持つ複数の物質（特許）は存在しない。したがって、遺伝子特許で遺伝情報を私有独占し他人が使えなくなると、その遺伝情報を課題とする研究がストップする恐れがある。最近では、合成生物学が発展してきているが、人工生物を創造する場合でも、人工生物に使う個々の遺伝子が私有化されていれば、創造は困難となり、研究開発が阻害されることはすでに述べた。このような事態は特許法の精神からすると逆行しており好ましくない状況であることを強調しておきたい。

それではここで問題になっている遺伝子特許を含めたリサーチツール特許の取り扱いはどうであろうか？　究極的には生命の問題に関わるかもしれないが、現実にはそこまでいたっていないと思われる。強制実施権の行使まで議論を深めるには、現在の問題を人類・生命の問題となりえるのかという疑問に回答を用意する方法と、生命の問題をもう少し拡大解釈して、生活・福祉の向上のためということに議論をシフトする方法がある。現在は後者の方向に議論が進んでいるが、後者の場合は、広く世間からの支持を得ることが最も重要である。例えば、遺伝子組み換え法あるいはＰＣＲ法のように明らかに科学技術の発展に不可欠の技術が特許権者によって恣意的にアクセス制限され、明確にライフサイエンスが停滞した場合、特許権者の権利を制限した強制実施権は広く受け入れられるかもしれない。科学の進歩に不可欠と認定されるリサーチツールはそれほど多くないので、無条件の強制実施権を直ちにリサーチツール特許問題解決に導入することは時期尚早といわざるを得ない。ライフサイエンス分野で特許権の活用に関する問題を解決する現実的な方策としていくつかの方法が提案されている。現実の問題に対応して解決法を総合的に組み合わせ、それぞれの特徴を生かした方法で対処するのが最も適切である。

SIPPI（公共のための科学と知的財産）

全米科学振興協会*[209]の下部組織である「公共のための科学と知的財産」（ＳＩＰＰＩと略）運動が注目される。抗エイズ薬へのアクセスは開発途上国にとって最も重要な問題であることはすでに述べた。特許権との関係で安価な医薬品へのアクセスが困難になっている点を解決しなければならない。開発途上国の医薬品アクセス問題を人道主義の観点から多くの団体がフリーアクセスに向けた取り組みで解決を図ろうとしている。全米科学振興協会が実施しているＳＩＰＰ

I運動[210]の目的は、科学技術団体で醸成してきた人道目的のためのライセンスを推進することである。構成メンバーとして、NIH、スタンフォード大学法学部、カリフォルニア大学、エール大学、ロックフェラー財団、イーライ・リリー、モンサントが参加している。検討課題として、公共の利益のための強制実施権発動条件の政策作成を行うことと、TRIPS協定第三一条(f)との関係の明確化について研究することをあげている。これはWTOの二〇〇三年ドーハ宣言を実行するための活動と理解できる。最近の成果としてエール大学とブリストル・マイヤー・スクイブの間で抗エイズ薬d4Tに関するライセンス契約の変更を指導し、d4T製造に後発メーカーの参入を認めさせ、ブリストル・マイヤー・スクイブの独占供給をやめさせた。

オープンメディスンイニシャティブ

米国の非営利団体エッセンシャル・イノベーションは公共の健康福祉等を支える基本発明の創造と流通促進を目的に設立された[211]。最近リトナビアの価格問題に関連して意見書を発表し、その中で「オープンメディスンイニシャティブ」という考えを提唱している[212]。大学などが行う研究が政府資金でまかなわれている場合、その成果が一私企業の独占的権利となることは税金と価格負担の二重払いとなるため理不尽であるとの主張を繰り返している。公共資金で行われた研究成果を排他性の高い特許で保護するのは公共投資還元の観点からすると行き過ぎであるとの考えである。学問の進歩には学会での発表が特許での公開より重要である。「オープンメディスンイニシャティブ」を実行するためには公共調整機関である学会などの参加が必要である。研究手段（リサーチツール、遺伝子、蛋白質など）がアクセス制限されると最も影響受けるのは大学、研究機関であるからである。権利活用を制限し、科学におけるコモンズの確保を図るためには、保護と活用のバランスを継続的に考えなければならない。

EPPA（エイズのための必須特許プール）

「エイズのための必須特許プール」（ＥＰＰＡと略）[*213]はエッセンシャル・イノベーションが考えているパテントプール構想である。開発途上国のエイズ患者は有効な抗エイズ薬にアクセスする機会を失っている。抗エイズ薬が高価で入手が困難であるからである。そこで、エッセンシャル・イノベーションはこのアクセス問題を解決するために、パテントプールを提案している。そのアイデアは、まず、ＥＰＰＡが開発途上国でエイズ患者を治療するのに必須の特許を同定する。その上で、ＥＰＰＡは特許権者あるいは政府と交渉し、開発途上国で使用する特許についてＥＰＰＡに自主的にライセンスするように求める。もし、特許権者が自主的なライセンスを拒否する場合は強制実施権を行使する。自主的あるいは強制的ライセンスにかかわらず集めたパテントプールを使って抗エイズ薬の開発途上国でのアクセス事業を行う。ライセンスを受けた特許は、必要と認められる組織に非排他的にライセンスする。ライセンスのもと、ＥＰＰＡは抗エイズ薬の製造、輸出、輸入、および販売を行うことができる。特許権者には適切な方法でロイヤルティ等の報酬を支払う。このやり方がうまくいけば、抗エイズ薬のアクセスが容易になり、開発途上国での公共の利益に貢献するものと期待される。

第6節　農民の権利と農業分野のフリーアクセス運動

農業分野のリサーチツール関連特許に対する人道的フリーアクセス促進運動も盛んになっている。農業分野における技術開発は近年ゲノム解析技術の進歩もあり急速に発展しており、それにつれて農業技術の特許や新品種の登録も増加している。メルク、デュポン、ダウ、シンジェンタなどの大穀物種子会社が出現しており、これらの大企業が技術開発を積極的に行うため農業技術の囲い込みが起こっていることも事実である。しかし、農業技術を必要としているのは実際の農民であり、農民が大部分を占める開発途上国であることは論を待たない。遺伝子操作など先端科学を含む農業技術はその権利関係が複雑で、農民などの弱者がアクセスすることはほとんど不可能に近くなっている。農業技術は食糧生産という人類の基本に関わるものなので、弱者がアクセスできない事態は世界的な人道問題になる。この農業技術アクセス問題を解決することはバイオテクノロジー研究者に課せられた使命である。

CAMBIA

CAMBIA*[214]とはオーストラリアの非営利団体であり、生物学分野で新しい発見やリサーチツールの開発を行ってきた。現在では、キャンベラ大学のジェファーソンを中心にオープンイノベーションを実行する組織として活動している*[215]。穀物生産向上や環境問題の解決のためリサーチツールの提供を目的とした国際的なオープンソースバイオテクノロジー運動に取り組んでいる*[216]。

現在、CAMBIAは「パテントレンズ*[217]」、「BIOSイニシアティブ*[218]」あるいは「バイオフォージ」運動を展開している。「BIOSイニシアティブ」では穀物植物の改良用遺伝子操作のためのリサーチツールの無料提供を行っている。また、ソフトウェアをオープンソース化し、ヒト遺伝子データベースへの自由アクセスを保障している。BIOSは食糧保障・栄養・健康促進、生物資源保護の向上を目的としてイノベーションの開放も行っている。一般的に開発途上国の農民や農業研究者は貧困ゆえに先端的な農業技術にアクセスすることはできない。最近のバイオテクノロジー関連特許の複雑さは更にアクセスを困難にしている。これを打破し開発途上国でも先端農業技術にアクセスできるようにするには、オープンソース、オープン科学、オープン社会が重要であると考えている。オープンソースとはイノベーションとそのライセンスを促進して効果的に技術開発を促すことである。オープン科学とは基本的技術を創造し共有することである。そのために新たにライセンスを通じた技術の普及の仕組みをＣＡＭＢＩＡが創設したといえる。オープン社会とは特許化あるいはオープンアクセスや公共物であるか否かにかかわらずリサーチツールの利用をできるだけ衡平にすることである。

「パテントレンズ」はＣＡＭＢＩＡが提供するＢＩＯＳの特許検索ツールである*219。英語のみならず中国語でも検索可能である。特許ファミリーを表示する機能も備えている。誰でもどこからでも無料でアクセスできる特許データベースとするのが目的である。インフルエンザ遺伝子、稲のゲノム情報、免疫アジュバンドのデータベースなども同じサイトで検索可能である。また蛋白質や遺伝子の配列情報も特許情報から検索可能である。

ＣＡＭＢＩＡが公表しているＢＩＯＳのライセンス条件は以下の通りになっている。すなわち、メンバーに対して農業分野の特許の通常実施権をロイヤルティフリーでライセンスする。更にメンバーが子会社等を含む第三者にサブライセンスしメンバーのために研究開発することについてもＣＡＭＢＩＡの制約はないが、そのライセンスプロジェクトが終了したときにはサブライセンスも終了する。ただし、サブライセンスが商用開発のみの活動に対して与えられる場合は、商用開発が終了した時点でサブライセンス権は終了される。ライセンスを受けたものがライセンスされた特許技術を用いて改良した場合、新しい改良点はライセンス供与者やその他のライセンス受領者と共有化しなければならない。もちろんＢＩＯＳはロイヤルティフリーライセンスであるが、商用目的で使う私企業にはロイヤルティを自主的に払うことを推奨している。ライセンス料はライセンシーの会社規模によって差を設けている。またコミュニティへの貢献度によっても差がある。

ＣＡＭＢＩＡとクイーンズランド工科大学は共同して製薬産業などの分野で特許が自由に活用できるように協力体制を作り、だれでもアクセス可能な特許情報システム「バイオフォージ」を二〇〇五年に作った[*220]。その後二〇〇八年に「バイオフォージ」のウエッブサイトはＣＡＭＢＩＡ・ＬＡＢに統合された[*221]。ＢＩＯＳ運動を実行するための協働サイトである。

ＰＩＰＲＡ（農業のための公共知的財産）

農業のための公共知的財産（ＰＩＰＲＡと略）は、米国カリフォルニア州立大学バークレー校が中心となって設立された全米大学の農業関係の知的財産関係者の非営利団体である[*222]。したがってＰＩＰＲＡは協働的な知的財産管理組織[*223]といえる。ＰＩＰＲＡの目的は、開発途上国に対する穀物開発を支援し、農業関係の科学技術をもっとアクセスしやすくするために農業関係技術の知的財産権へのフリーアクセスを促進することである*224。全米の大学のうち二五校が参加している。実際の活動として、⑴研究者がアクセス可能なデータベースを構築する、⑵ライセンス活動の分析を行い、人道目的の使用権が確保されているかどうかを明確にし、⑶データベースを用い自由な使用への障害を明らかにし、⑷ライセンスできる技術のパッケージを開発することがあげられている。現在の活動の中心はライセンス可能な技術、特許のデータベースを構築することである。公開されているデータベースには四五か国から六六〇〇の特許が集まった。そのうち六八%がライセンス可能であるとされている。

本来公共の技術であった農業技術が新しいイノベーションを生み出すことにより特許化されアンチコモンズ現象が見られるようになってきた。アンチコモンズ現象としてゴールデンライスの例が有名である。ベータカロチン不足を補うという社会的ニーズのもと、複数国政府主導で遺伝子組み換えによってベータカロチン高含有ゴールデンライスが開発されたにも関わらず、開発によって約七〇件の特許が三五の機関によって取得される結果となった。ゴールデンライスが普及しない原因は、農業技術開発に必要なリサーチツールが特許によってアクセスできないということにあると言われている。特に、商用研究では特許ライセンスの取得なくして遺伝子組み換え技術を使うことは困難である。

ＰＩＰＲＡの特徴の一つとして人道目的を掲げていることである。人道目的の利用とは、⑴開発途上国で使用するために非営利研究団体が研究開発目的で発明技術やその種子・花粉を使用すること、⑵開発途上国で消費されるために植物の種子や花粉、生体、穀物に関する発明やその種子・花粉を商用目的に使用することと規定されている。

ライセンス契約の中で、ライセンスした後でも、参加大学は人道目的のための通常実施権を保持している点がユニークである。商用ライセンスを受けた組織が先進国マーケットで発明を実施していても、開発途上国や非商用組織がそれらの発明種子・花粉や穀物を先進国に輸出あるいは販売することは特許権の権利範囲から除外される。つまり、非商用研究機関、開発途上国あるいはそこにいる個人や組織は開発途上国発の種子・花粉や穀物をその他の開発途上国やライセンス供与者とライセンス受領者が合意した国に輸出することができる。

ＥＰＩＰＡＧＲＩ（農業用バイオテクノロジーに対する知的財産権のヨーロッパ集合的管理を目指して）

ヨーロッパにおける農業技術の知的財産活用についての新しい動きが起こっている。二〇〇六年一〇月に設立されたヨーロッパの農業研究機関組織「農業用バイオテクノロジーに対する知的財産権のヨーロッパ集合的管理をめざして」（ＥＰＩＰＡＧＲＩと略）[*225]である。本組織の特徴は、農業の新技術の開発を行い、知的財産権を持つ公共の研究機関が協働的に知的財産管理システムを作ったことである。いずれは世界の組織と協力して、農業技術に対するオープンアクセスが可能なシステムを構築する計画である。参加組織は、ハンガリーのバイオポリス、ポルトガルのＦＬＭ、ドイツのＧＩ・ＧｍＢＨ、フランスのＩＮＲＡとその下部組織ＩＮＲＡ TransfertとＣＮＲＳの下部組織ＦＩＳＴ、スペインのＩＲＴＡ、英国のＰＢＬ、スウェーデンのＳＬＵ、アイルランドのＴＥＡＧＡＳＣ、ベルギーのＶＩＢである[*226]。農業科学技術分野における特許群の複雑さを解消し、イノベーションの産業応用を促進し、特許侵害リスクを減少させ、特許利用によるコスト高を軽減することを目的としている。

ＥＰＩＰＡＧＲＩの現在の活動は、特許情報交換システムの開発、農業製品に関係する特許群の解析、成果である特許の公開と普及を行っている。特に農業科学技術に関係した特許やノウハウのデータベースシステムには、情報解析方法についてのソフトウェアも含まれている。データベースの完成とともに、参加研究機関やその他の研究機関の話し合いでパテントプール形成を目指している。このパテントプールでは商用化研究のための技術移転を協働的に管理、促進することを考えている。

ＥＰＩＰＡＧＲＩはまた農業と特許の問題について法律的な解決方法をヨーロッパの政治家に提案している。その提案の中心は、バイオテクノロジー分野のイノベーションを学術研究に自由に利用し、その成果を開発途上国へ移転することである。ＥＰＩＰＡＧＲＩは公共機関の研究成果が産業界に効率的に移転する仲介活動を行うとともに、農業用科学技術イノベーションを開発途上国へ移転する活動に注力している。

ＡＡＴＦ（アフリカ農業技術財団）

アフリカ農業支援を目的とする機関も設立されている。アフリカ農業技術財団（ＡＡＴＦと略）[*227]は英国で設立された非政府機関で、ロックフェラー財団、米国国際開発機関（ＵＳＡＩＤと略）、英国国際開発省（ＤＦＩＤと略）の三つの機関のもとで設立された。サハラアフリカ地域の貧困農民が先進国の農業技術にアクセスできて、それを利用して自国の農業生産を向上させ、食糧供給の改善を図るという人道的な目的を持っている。そのために、ＡＡＴＦは一か所でライセンスできるように農業技術、新品種、ノウハウのパテントプール形成を目指している。まず、アフリカで必要とされる農業技術特許を特定し、その権利保有者と交渉してロイヤルティのいらないライセンスを促進する。また、農業技術の研究開発を行う機関と共同研究の可能性について交渉する。アクセスできた技術の利用を制限するような権利あるいは契約が発生しないか監視することも行う。いくつかの農業技術特許を保有する企業は、ＡＡＴＦの取り組みに賛意を示しており、企業自身の開発領域以外の分野について特許の供用を申し出ることを検討している*[228]。しかし、自社の供用した特許技術が拡散し他社が使う可能性に対してどのように対処するのかが今後の成功のための課題である。

以上に概観したフリーアクセス機構設立は人道目的であり、フリーアクセスを基本としている。これらの運動が示している最も重要なことは、フリーアクセスであれパテントプールであれ、人道目的というモチベーションがあれば、知的財産についての利害関係が乗り越えられ、フリーアクセス機構の設立が可能ということを示している。これらの機構はまだ完全な形ではなく、試行錯誤の繰り返しであるため、その組織・運動のありかた、知的財産管理において不都合があるが、バイオテクノロジー技術へのアクセスを促進するという人道目的を共通認識とすれば、多くの課題もいずれは解消されるものと期待される。しかし私企業が参加する場合では、知的財産の権利関係が不明瞭になるため、私企業の利害を調整することはかなり困難になると予想される。また秘密保持をどこまで設定するかも重要な課題であろう。農業技術特有の問題として、先端バイオテクノロジーを使って新品種を作出した場合の遺伝子組み換え作物（ＧＭＯと略）の問題がある。

新ＧＭＯ品種を開発途上国で無秩序に広めるわけにはいかず、規制当局の判断が必要である。開発において新ＧＭＯ品種の安全性、規制当局の承認、環境問題等についてどのような責任体制で行うのか組織体の形成が検討課題になる。研究成果を実体あるものに開発するには現在のような組織体では解決困難であり、私企業と公共事業との間で更なる組織体の発展的改善が求められる。

おわりに

ライフサイエンスは生命の科学である。一九七〇年頃までは自然から新たな発見を求めて研究がなされていた。研究で発見されたものは学術雑誌への公開によってプライオリティを確保していた。これが長年続いた生命科学の伝統であり、新たな発見を論文で公開することが科学者の規範であった。

生命の私有化現象と生命倫理

一九八〇年代に入りバイオテクノロジーの発達によってライフサイエンス分野は大きく変貌した。最も大きな変化は、いままで自然界の発見と考えられていたことが発明とみなされ、特許が与えられ、権利として取引され、利益を生むことが明らかになったことである。その結果バイオテクノロジー産業が急速に発展し、ライフサイエンスがバイオサイエンスとして社会貢献が果たせることになる。この生命現象の発見から発明へという思想の変換を解析することは、今後の取り組みを理解する上で重要である。

しかし、生命現象の発見から発明へという考え方の変換は社会に大きな影響を及ぼす結果となった。生命の囲い込みによる私有化によって公共のアクセスが阻害されるという知的財産制度の根幹の問題が顕著になってきた。つまり公共の利益と私益の間で微妙なバランスを取ることが要求されるようになった。

もう一つの問題は生命倫理との兼ね合いである。ライフサイエンスの特許は生命の私有化という要素を含むため、ヒトが主題となる場合、ヒトの一部が私有化によって自分のものでなくなるという奇妙な現象がおこる可能性がある。最近ではＥＳ細胞を巡る知的財産問題が大きくクローズアップされている。知的財産制度といえどもヒトの私有化は許されるものではない。したがって、ライフサイエンス分野の知的財産制度を考える上では、常に生命倫理問題を解決しなければならないという微妙な立場に立たされる。

特許制度はライフサイエンスのイノベーションを促進しているか

特許制度はイノベーションの進展に貢献するものである。その創造の担い手である研究機関の知的財産に対する考え方が大きく変容してきている。研究機関に知的財産を取り扱う部門が設立され、知識創造を行うのみならず、知識の私有化を行いそこから利益を生むことがバイ・ドール法などによって奨励された。

しかし、このような知識の囲い込みによって本来自由であるべき研究活動が制限され、新たなイノベーションが阻害されているのではないかという疑問が顕著になってきている。本書ではライフサイエンスやバイオサイエンス分野において、研究活動に必須のリサーチツールの特許化に伴うアクセス阻害がライフサイエンスイノベーションを停滞させている現象を明らかにした。ここでいうリサーチツールとは、研究開発の過程の中で主に初期段階の探索・発見に使われる道具・手段のことである。ライフサイエンス分野で使われるリサーチツールとしては、疾患に関連する遺伝子、実験用動物、実験用抗体や酵素などの蛋白質が挙げられる。分析用機器、遺伝子配列解読機、バイオインフォマティックス技術なども含まれる。研究の過程で使われるため、企業での研究のみならず大学などの研究機関が研究活動の中で使う道具・手段と考えても間違いではない。リサーチツールの使用が制限されると研究活動が阻害され、発見・発明がなされなくなる。そのため社会の進歩が遅延することになる。バイオサイエンス産業の特徴として、リサーチツールをはじめ多くの新しい技術は比較的小規模の企業であるベンチャーによって創造されるため、多くのバイオベンチャーが設立され、それぞれが独自の技術を流通させ、ライセンスによってその存続を図る試みが広くビジネスとして行われることになった。

このような研究機関独自の知的財産戦略と活動によりライフサイエンスにおけるイノベーションが停滞する事態になっていると考えられる。本書においてイノベーションの経緯を明らかにし、その課題を列挙した。その中で研究者が本来持っている研究に対する規範を基礎とした新たなイノベーションに対する試みについても言及した。

公衆衛生は特許制度で制限されていないか

ライフサイエンスにおける近代の知的財産制度が及ぼした大きな課題は開発途上国の反乱であり、特に公衆衛生上の問題として象徴的に取り上げられた。知識の偏在によって、開発途上国が新たな知識にアクセスすることが困難になっているのが原因である。特に公衆衛生上、新薬等へのアクセスが高価格によって制限され、感染症対策が遅れる結果となっている。開発途上国におけるエイズの蔓延がこのことをよく表している。

このような状況にあって開発途上国が取りうる手段として特許制度運用手段の変更がある。偽物対策に消極的であることもその表れであるが、さらに強力な強制実施権の国家発動が対抗手段として選ばれた。知的財産制度の国際的とりきめであるＷＴＯ／ＴＲＩＰＳの拡大解釈であるとはいえ、世界的な知的財産制度へのチャレンジであることにかわりはない。ＷＴＯとは世界貿易機関の略で、世界の自由貿易を円滑に行うために設けられた機関である。ＴＲＩＰＳ協定とはＷＴＯの設立協定の付属書に記載された貿易に関する知的財産権の取り扱いルールを決めた条約のことである。条約の英文Agreement on Trade-Related Aspects of Intellectual Property Rightsの頭文字をとってＴＲＩＰＳ協定と略称する。開発途上国での強制実施権発動の経緯を取り上げ、その考え方と効果を明らかにした。

さらに開発途上国はＷＴＯ／ＴＲＩＰＳへの対抗手段として、生物多様性条約を交渉の場に持ち出すことが近年頻繁になっている。資源国の直接的な方法として、生物資源の出所を特許出願に記載させるいわゆる出所表示が多くの国の特許法に盛り込まれるようになった。

公衆衛生問題を中心とする開発途上国の知的財産制度へのチャレンジを解決するには、単なる利益誘導、利益配分では困難である。ウイン‐ウインの相互理解関係を構築し、オープンアクセスと合理的な利益配分を目指すことが必要である。なおウイン‐ウインの関係とは、利害の対立している二者が話し合いによってお互いにメリットのある、円満な関係で良い結果を得ることを表している。

ライフサイエンス分野の知的財産制度の今後の方向

知的財産制度はイノベーションを促進する制度であり、阻害する制度ではない。知的財産制度を促進の方向に向かわせるようコントロールするのが政治であり、行政である。このコントロールシステムは常に時代あるいは科学進歩の要請に基づいて変更できるフレキシブルなシステムにしなければならない。かつての微生物特許あるいは遺伝子特許のように科学進歩の要請にしたがって、知的財産の変革を成さなければならない。

そのような観点から見たとき、果たして現在の知的財産制度はイノベーションの促進に役立っている制度ということができるであろうか？　ライフサイエンスの促進のための知的財産制度はいくつかの問題を抱えており、決して理想的状態にあるとはいえない。最も問題とすべきは、科学者の持つ長い伝統的規範である自由な知識交換に応えるような仕組みに知的財産制度がなっていない点である。遺伝子特許の例が顕著にそれを物語っている。ヒトゲノム研究が盛んになった一九九〇年代後半に多くのゲノム情報がセレラ・ジェノミックス社によってアクセス制限されたが、サルストンを中心とするヒトゲノムプロジェクト関係の研究者から研究者規範に反するとして猛反発を受けた。それ以後このバイオベンチャーは研究者の支持が得られず学会から消え去り、それ以後遺伝情報は公開されフリーアクセスが標準となった。これは明らかに研究者規範が知的財産制度に勝った例であるといえる。

ライフサイエンスのイノベーションのために、ライフサイエンスの達成した技術と知識の利用を今後は新たな考え方のもとで行っていく必要があると考える。特に商用利用については新たなビジネスモデルの構築が求められる。オープンアクセスとの区別あるいはバランスを十分に考慮したものでなければならない。

歴史的に見て知的財産制度は科学的イノベーションの後追い制度であった。特に遺伝子関係特許の例を詳細に解説したが、このような新しい科学技術が出現しても、技術が発達する初期の知的財産制度では新しい課題に対処できず、新しい科学技術が起こす特許性判断、特許侵害判断、ライセンス問題等の経済上の問題が噴出し、その問題を解決するために多くのガイドライン、法改正などが行われ解決が図られてきた。しかし、これらはあくまで後追いの解決であり、合成生物学のような新たな科学技術の出現には無力である。解決が遅れれば新たなイノベーションの実現が阻害され、科学技術の発展が遅れることになりかねない。これは知的財産制度の目的である科学技術進歩の促進に反することである。

知的財産制度は科学技術の進歩に合わせた制度でなければならない。将来の科学技術の進歩を先取りする制度を構築することがより望ましい。特にライフサイエンスの発展は目覚しく将来を予測することは困難であるため、先取り制度は不完全にならざるを得ないが、それを恐れていてはますます科学技術の将来像を見失うことになり、いままでの悪循環を繰り返し、知的財産制度は科学技術の阻害要因に成り果てることになる。知的財産戦略がライフサイエンスを含む科学技術の進むべき方向を示すガイドラインとなるよう強く望むものである。

ライフサイエンス分野における知的財産制度の特有の課題として、生命の特許化、大学など研究機関の特許権活用のありかた、開発途上国の公衆衛生問題と特許権問題を取りあげた。ライフサイエンス分野で特許はその主題に生命を取り扱っている場合が多い。本書において取りあげたように、生命特許では多くの課題が指摘され、問題の解決が図られてきた。しかし、その解決方法は、生命の私有化という基本問題を解決するには程遠く、結局公共の利益と私有財産権の微妙なバランスを取っているにすぎない。厄介なことにＥＳ細胞問題によって提起された生命倫理と知的財産権の関係がますますクローズアップされるようになった。近い将来、合成生物学の発展に伴い生命倫理問題がライフサイエンスの中心課題となるのは容易に予想することができる。知的財産制度の中で人道的見地を軽視してはいけない。知的財産制度の特徴として知識の不均一化があり、開発途上国との関係において重大な問題となっている。現在では、人道的課題解決が強制実施権制度による特許の持つ排他権を制限することによって図られている。将来は知的財産制度上の問題としてとらえるのではなく、科学技術あるいは社会全体の問題として考えるべきであろう。おそらく、強制実施権のあり方、制度上の運用を改革するだけでは基本問題は解決しない。多くの政治的あるいは経済的な方法を総合的に含んだ解決でなければならない。

研究者は古くから科学技術に対する確固たる公開規範を伝統として継承してきた。このことはライフサイエンス分野におけるゲノム情報あるいはリサーチツール特許の取り扱いをめぐって明確に提示され、その規範の強さを示した。その規範は更に発展して、ライフサイエンスデータベースへのオープンアクセスという形で発展しつつある。その先にオープンイノベーションへの道が語られている。生命のアンチコモンズからコモンズへの回帰といえるだろう。このように現行の知的財産制度とは異なる概念によって科学技術が取り扱われることは知的財産制度の将来の方向性を示している。

発表論文

（1）森岡一『バイオ・医薬業界における特許ライセンスの実情と課題』研究技術計画 **18**（1-2）34-46（二〇〇三）.
（2）森岡一『バイオ・医薬業界におけるライセンス契約と破産等の関係について―アンケート結果と考察―』ＩＩＰ研究論集9、『知的財産ライセンス契約の保護―ライセンサーの破産の場合を中心に―』財団法人知的財産研究所編、二〇〇四年一一月一九日。
（3）森岡一『第五章　バイオ分野におけるリサーチツール技術とその成立過程：リサーチツールのイメージ、リサーチツールの成立歴史』平成一七年度特許庁研究事業、大学における知的財産権研究プロジェクト研究成果報告書、テーマ：『リサーチツールなど上流技術の特許保護のあり方の研究』平成一八年三月一橋大学長岡貞男、支援：（財）知的財産研究所。
（4）森岡一『バイオ・医療分野における「公共の利益」についての米国の考え方　特にBayh-Dole法March-in条項（介入権）についてのＮＩＨの判断』AIPPI **50**（3）, 130-137（二〇〇五）.
（5）森岡一『「公共の利益」のための強制実施権に対する米国の考え方　特にバイオ・医薬関連問題への対応』AIPPI **51**（2）, 86-100（二〇〇六）.
（6）森岡一『バイオ関連特許活用についての一考察―フリーライセンスあるいはパテントプールの可能性について』知財研フォーラム二〇〇六 Winter **64** 32-41（二〇〇六）.
（7）森岡一『ライフサイエンス分野における産学連携と知的財産のありかた』平成一八年度特許庁研究事業、大学における知的財産権研究プロジェクト研究成果報告書、テーマ：『上流発明の効果的な創造と移転の在り方に関する研究：産学官連携を中心に』平成一九年三月一橋大学長岡貞男 支援：（財）知的財産研究所。
（8）井上由里子、稲場均、片山英二、軽部征夫、森岡一：【特集Ⅰ】ライフサイエンスと特許 座談会『ライフサイエンス分野の特許をめぐる諸問題』知財研フォーラム 2007 Summer, **70**（2）,（二〇〇七）.

（9）森岡一『食品産業における特許戦略』日本食糧新聞二〇〇七年六月二五日号食品ニューテクノロジー研究会。

（10）森岡一『タイの医薬品強制実施権行使の背景とその影響』知財ぷりずむ、**5**（58）、1-10、二〇〇七年七月。

注

（1）US3813316. US4259444. 対応日本特許：特開昭 49-061376・特開昭 58-028277.

（2）35U.S.C. §101; 新規で有用な方法、機械、製造物、組成物、またはそれらについて新規、かつ有用な改良を発明した者は、それに対して特許を受けることができる。（Whoever invents or discovers any new and useful process, machine, manufacture, or composition of matter, or any new and useful improvement thereof, may obtain a patent therefore, subject to the conditions and requirements of this title.）

（3）Supreme Court of the United States; "Sidney A. DIAMOND, Commissioner of Patents and Trademarks, Petitioner v. Ananda M. CHAKRABARTY et al.," No. 79-136. 447 U.S. 303 (1980).

（4）"The Committee Reports accompanying the 1952 Act informs us that Congress intended statutory subject matter to include anything under the sun that is made by man."

（5）Hearings on H.R. 3760 before Subcommittee No. 3 of the House Committee on the Judiciary, 82 Cong., 1st Sess., 37 (1951)、"Under section 101 a person may have invented a machine or a manufacture, which may include anything under the sun that is made by man."

（6）Hamlet, it is sometimes better "to bear those ills we have than fly to others that we know not of.

（7）"That (decision) process involves the balancing of competing values and interests".

（8）Manual of Patent Examining Procedure (the "M.P.E.P."), Eighth Edition, Fifth Revision, July 2007, http://www.bitlaw.com/source/mpep/2105.html.

（9）The relevant distinction was not between living and inanimate things but between products of nature, whether living or not, and human-made inventions.

(10) The Report of the President Reagan's Commission on Industrial Competitiveness (Young report); "Global Competition: The New Reality, Volume I ", Washington, D.C.: U.S.G.P.O., 1985.

(11) Andrew Kimbrell; "Replace Biopiracy with Biodemocracy", The Canadian, September 14, 2007, http://www.agoracosmopolitan.com/home/Frontpage/2007/09/14/01788.html.

(12) Paula C. Evans; "Patent Rights in Biological Material", *GEN*, **26** (17), October 1, (2006), http://www.genengnews.com/articles/chitem.aspx?aid=1880.

(13) USP No. 4,438,032 (Mar. 20, 1984).

(14) Pat Roy Mooney; "John Moore's body", new internationalist, issue 217, March 1991, http://www.newint.org/issue217/body.htm.

(15) Supreme Court of California; "Moore v. Regents of University of California", 51 Cal.3d 120, July 9, 1990.

(16) Gary E. Marchant; "Property Rights and Benefit-Sharing for DNA Donors?", Jurimetrics, 45, 153-178, 2005.

(17) GREENBERG vs. MIAMI CHILDREN'S HOSPITAL RESEARCH INSTITUTE, INC.,264 F. Supp. 2d 1064 (S.D. Fla. 2003), http://indylaw.indiana.edu/instructors/orentlicher/healthlw/Greenberg.htm.

(18) Canavan in the News; "JOINT PRESS RELEASE", September 29, 2003.

(19) Patrick L Taylor; "Research sharing, ethics and public benefit", *Nature Biotechnology* **25**, 398 - 401 (2007), http://www.nature.com/nbt/journal/v25/n4/full/nbt0407-398.html.

(20) European Patent Office; "Public oral proceedings in the appeal case T 315/03 relating to the "Oncomouse/Harvard" patent EP 0 169 672", July 2, 2004, http://www.epo.org/about-us/press/releases/archive/2004/02072004.html.

(21) Paula Park; "EPO restricts OncoMouse patent, Setback for animal activists is met with praise by inventors of transgenic mouse", *The Scientist*, July 26, 2004.

(22) Directive 98/44/EC Article 4

1. The following shall not be patentable:

(a) plant and animal varieties;

(b) essentially biological processes for the production of plants or animals.

2. Inventions which concern plants or animals shall be patentable if the technical feasibility of the invention is not confined to a particular plant or animal variety.

3. Paragraph 1(b) shall be without prejudice to the patentability of inventions which concern a microbiological or other technical process or a product obtained by means of such a process.

(23) Erika Check; "Canada stops Harvard's oncomouse in its tracks", *Nature* **420**, 593,12 December 2002.

(24) OUT-LAW News; "Canadian Supreme Court rejects oncomouse patent", 10/12/2002, http://www.out-law.com/page-3186.

(25) World Intellectual Property Organization; "Bioethics and Patent Law: The Case of the Oncomouse", WIPO Magazine, June 2006, http://www.wipo.int/wipo_magazine/en/2006/03/article_0006.html.

(26) Phillip B. C. Jones; "WILL THE ONCOMOUSE SQUEAK THROUGH THE SUPREME COURT OF CANADA?", July 2002, http://www.isb.vt.edu/articles/jul0206.htm.

(27) Patricia Campbell; "Patentable Subject Matter in Biotechnology: Transgencic Animals and Higher Life Forms", CASRIP UW School of Law, July 11, 2006, http://www.law.washington.edu/Casrip/Newsletter/Vol14/newsv14i1Campbell.html#III.

(28) Myriad GeneticsのＢＲＣＡ１とＢＲＣＡ２特許はＵｔａｈ大学に譲渡されたが、ここではMyriad Geneticsのものとして取り上げる。

(29) ジョン・サルストン、渡部由紀子訳「ゲノムは人類の共有財産」、Le Monde diplomatique、２００２年12月号　http://www.diplo.jp/articles02/0212-5.html（原文：John Sulston, Le génome humain sauvé de la spéculation, Le Monde diplomatique DÉCEMBRE 2002 Pages 28 et 29, http://www.monde-diplomatique.fr/2002/12/SULSTON/17250.）

(30) RICHARD WOOSTER; "Identification of the breast cancer susceptibility gene BRCA2", *Nature* **378**, 789 -792, 28 December 1995.

(31) Miki Y, Swensen J, Shattuck-Eidens D, et al: "A strong candidate for the breast and ovarian cancer susceptibility gene BRCA1", *Science* **266**: 66-71, 1994.

(32) Canadian Press; "B.C. government yields to U.S. company's patent on breast cancer gene", October 20, 2002.

(33) The Honourable Tony Clement Minister of Health: "Long-Term Care Speech Re Myriad Gene Patent Issue", September 19, 2001.

(34) Ken Ernhofer; "Ownership of genes at stake in potential lawsuit", The Christian Science Monitor, February 27, 2003, http://www.csmonitor.com/2003/0227/p07s03-woam.html.

(35) Susan Mayor; "Charity wins BRCA2: Genetics researchers welcome a decision that will make the gene freely available in Europe", February 13, 2004, patenthttp://www.biomedcentral.com/news/20040213/02.

(36) Cancer Research UK; "Charity to make breast cancer (BRCA2) gene freely available across Europe", February 11, 2004, http://info.cancerresearchuk.org/news/archive/pressreleases/2004/february/38944.

(37) The UK Patent Office : Patents for Biotechnological Inventions - Frequently Asked Questions (www.patent.gov.uk/about/ippd/faq/biofaq.htm).

(38) Andrew Wallace; "PATENTING/LICENSING ISSUES Inherited Breast Cancer, MRCPath Part 2 study day 2001", www.ich.ucl.ac.uk/cmgs/part2/patent.htm.

(39) Amy Lynn Sorrel; "Lawsuits test boundary rights of medical patents", Amednews.com American medical news, June 29, 2009, http://www.ama-assn.org/amednews/2009/06/29/prsa0629.htm.

(40) American Civil Liberties Union; "ACLU Challenges Patents On Breast Cancer Genes: BRCA", June 17, 2010, http://www.aclu.org/free-speech-womens-rights/aclu-challenges-patents-breast-cancer-genes-0.

(41) UNITED STATES DISTRICT COURT FOR THE SOUTHERN DISTRICT OF NEW YORK; BRIEF FOR AMICUS CURIAE "ASSOCIATION FOR MOLECULAR PATHOLOGY, et al., Plaintiffs v. UNITED STATES PATENT AND TRADEMARK OFFICE, et al., Defendants., Biotechnology Industry Organization IN SUPPORT OF DEFENDANTS、OPPOSITION TO PLAINTIFFS、MOTION FOR SUMMARY JUDGMENT, 09-cv-04515-RWS Document 183 Filed 12/30/2009.

(42) UNITED STATES DISTRICT COURT SOUTHERN DISTRICT OF NEW YORK; ASSOCIATION FOR MOLECULAR PATHOLOGY, ET AL., Plaintiffs, -against- UNITED STATES PATENT AND TRADEMARK OFFICE, ET AL., Defendants, Case 1:09-cv-04515-RWS Document 255 Filed 03/29/2010.

(43) *Ibid,* Document 66 "Declaration of Sir John E. Sulston, PhD", http://docfiles.justia.com/cases/federal/district-courts/new-york/nysdce/1:2009cv04515/345544/66/0.pdf.

(44) Health and Human Services; "Gene Patents and Licensing Practices and Their Impact on Patient Access to Genetic Tests", Report of the Secretary's Advisory Committee on Genetics, Health, and Society, April 2010, http://oba.od.nih.gov/SACGHS/sacghs_documents.html#GHSDOC_011.

(45) Secretary's Advisory Committee on Genetics, Health, and Society (SACGHS), http://oba.od.nih.gov/SACGHS/sacghs_about.html.

(46) Daniel G. Gibson et al, "Creation of a Bacterial Cell Controlled by a Chemically Synthesized Genome", *Science*, **329**, 52 -56, July 2 2010.

(47) The Presidential Commission for the Study of Bioethical Issues; http://www.bioethics.gov/.

(48) MARIE DAGHLIAN; The Burrill Report; "REGULATORY Commission Tackles Man-Made Life Scientists air their views on bioethical implications of synthetic biology, July 9, 2010, http://www.burrillreport.com/article-2579.html.

(49) CNN Wire Staff; "Vatican calls synthetic cell creation 'interesting' "May 22, 2010, http://edition.cnn.com/2010/

HEALTH/05/22/vatican.synthetic.cell/index.html.

(50) Chris Edwards; "Will IP law choke synthetic biology work?", The Biomachine, June 6, 2010, http://blog.thebiomachine.com/2010/06/james-boyle-synthetic-biology-patent-fears.html.

(51) Pallab Ghosh; "Synthetic life patents 'damaging'", BBC News, May 24, 2010, http://www.bbc.co.uk/news/10150685.

(52) http://japan.cnet.com/news/biz/story/0,2000056020,20144768,00.htm.

(53) Housey Pharmaceuticals; http://houseypharma.com/.

(54) 平成10年審判第20,019号。

(55) http://houseypharma.com/licensing.htm.

(56) U.S. District Court for the District of Delaware; Bayer AG v. Housey Pharmaceuticals, Inc., 169 F. Supp. 2d 328 (2001).

(57) 35 U.S.C. §271 (g): (g) Whoever without authority imports into the United States or offers to sell, sells, or uses within the United States a product which is made by a process patented in the United States shall be liable as an infringer, if the importation, offer to sell, sale, or use of the product occurs during the term of such process patent. In an action for infringement of a process patent, no remedy may be granted for infringement on account of the noncommercial use or retail sale of a product unless there is no adequate remedy under this title for infringement on account of the importation or other use, offer to sell, or sale of that product. A product which is made by a patented process will, for purposes of this title, not be considered to be so made after -

(1) it is materially changed by subsequent processes; or

(2) it becomes a trivial and nonessential component of another product.

(58) The section 271(g) addresses only products derived from patented manufacturing processes, that is, methods of actually making or creating a product, as opposed to methods of gathering information about, or identifying, a substance worthy of further development.

(59) United States Court of Appeals for the Federal Circuit; Bayer v. Housey Pharmaceuticals, Docket No.02-1598, August 22, 2003.

(60) United States Court of Appeals for the Federal Circuit;Biotechnology General v. Genentech 80F.3d 1553 1560-61 Fed. Cir. 1996.

(61) United States Court of Appeals for the Federal Circuit;Eli Lilly & Co. v. Am. Cyanimid Co. 82F.3d 1568 1571-73 Fed. Cir. 1996.

(62) THE UNITED STATES DISTRICT COURT FOR THE DISTRICT OF DELAWARE : Civ. No. 01-148-SLR ‥ December 4, 2003.

(63) Sen. R, Baltimore D.; "Multiple nuclear factors interact with the immunoglobulin enhancer sequences", *Cell* **46** (5): 705- 716 (1986).

(64) http://www.ariad.com/.

(65) 平成14年（ネ）第675号 特許権侵害差止請求控訴事件（原審・東京地方裁判所平成11年（ワ）第15238号）。

(66) ARIAD press release; "BRISTOL-MYERS SQUIBB SIGNS NF- κ B LICENSE AGREEMENT WITH ARIAD", November 6, 2002.

(67) ARIAD News Release; "BRISTOL-MYERS SQUIBB SIGNS NF- κ B LICENSE AGREEMENT WITH ARIAD", http://media.corporate-ir.net/media_files/nsd/aria/releases/110602.pdf.

(68) Stephen Albainy-Jenei; "NF- κ B Patent Reexamination Update", Patent Baristas, September 07, 2006, http://www.patentbaristas.com/archives/2006/09/07/nf-% CE% BA% CE% B2-patent-reexamination-update/.

(69) ARIAD News Release; "ARIAD AND CO-PLAINTIFFS OBTAIN FAVORABLE COURT RULING IN LILLY PATENT INFRINGEMENT LAWSUIT, May 13, 2003.

(70) Andrew Pollack; "Lilly Loses Patent Lawsuit to Ariad, MIT, Harvard Drug Company to Pay $65M for Infringing Patent

Covering Protein Discovered in Part by MIT Researchers", THE NEW YORK TIMES, May 9 2006, http://tech.mit.edu/V126/N24/24lillypatent.html.

(71) United States Court of Appeals for the Federal Circuit; ARIAD PHARMACEUTICALS, INC. et .al v. ELI LILLY AND COMPANY, No. 2008-1248, April 3, 2009.

(72) Peter Loftus; "US patent office rejects most claims in ARIAD patent", September 7, 2006, http://www.marketwatch.com/News/Story/Story.aspx?dist=newsfinder&siteid=google&guid=% 7BF2F3F46E-0074-4ECB-BE8E-62FFA74E995A% 7D&keyword.

(73) United States Court of Appeals for the Federal Circuit; UNIVERSITY OF ROCHESTER v. G.D. SEARLE & CO., INC. , No. 03-1304, February 13, 2004.

(74) The Medical News; "ARIAD's petition for rehearing the Lilly NF-Kb patent lawsuit is granted by the Federal Circuit", August 24 2009, http://www.news-medical.net/news/20090824/ARIADs-petition-for-rehearing-the-Lilly-NF-Kb-patent-lawsuit-is-granted-by-the-Federal-Circuit.aspx.

(75) Ariad News release; "ARIAD Announces Court Ruling Regarding NF-κ B Patent Lawsuit with Lilly", March 22, 2010, http://phx.corporate-ir.net/phoenix.zhtml?c=118422&p=irol-newsArticle&ID=1404655&highlight=

(76) Steven Salzberg; "A Gene Patent Purely About Greed", The Science Business Forbes.com, March 29, 2010, http://blogs.forbes.com/sciencebiz/2010/03/a-patent-purely-about-greed/.

(77) United States District Court for the District of Delaware; Amgen et al. v. Ariad Pharmaceuticals, C. A. No. 06-259-MPT, http://www.ded.uscourts.gov/MPT/Opinions/Jan2008/06-259.pdf.

(78) Patent Baristas; "Amgen Challenges Validity of Ariad NF-κ B Patent", May 18, 2006, http://patentbaristas.com/archives/2006/05/18/amgen-challenges-validity-of-ariad-NF-κ B-patent/.

(79) Business Wire; "ARIAD files claim against Amgen and Wyeth Alleging Infringement of NF-κ B Patent by Enbrel® and

Kineret®", April 13, 2007, http://findarticles.com/p/articles/mi_m0EIN/is_2007_April_13/ai_n19001697/.
(80) Chris Reidy; "Ariad is "disappointed" by patent lawsuit rulings", Boston Grove, September 22, 2008, http://www.boston.com/business/ticker/2008/09/ariad_is_disapp.html.
(81) LAWRENCE B. EBERT;" D. Del. grants Ariad leave to appeal adverse SJ ruling", IPBiz, October 06, 2008, http://ipbiz.blogspot.com/2008/10/d-del-grants-ariad-leave-to-appeal.html.
(82) United States Court of Appeals for the Federal Circuit; "Amgen vs. ARIAD", No. 2009-1023, June 1, 2009.
(83) Andrew Williams; "Amgen, Inc. v. Ariad Pharmaceuticals, Inc. (Fed. Cir. 2009)", Patent Docs, June 01, 2009, http://www.patentdocs.org/2009/06/amgen-inc-v-ariad-pharmaceuticals-inc-fed-cir-2009.html.
(84) 東京高等裁判所　平成14年（ネ）第675号特許権侵害差止請求控訴事件、平成14年10月10日。
(85) 東京地方裁判所　平成11年（ワ）第15238号特許権侵害差止請求事件、平成13年12月20日。
(86) AntiCancer Japan 株式会社 〝会社概要〟、２００７年５月、http://www.metamouse.com/Company% 20profile.pdf.
(87) 大阪地裁　平成18年（ワ）7760 特許権侵害差止等請求事件『ユーロスクリーン v. 小野薬品』2008.10.06、http://www.courts.go.jp/hanrei/pdf/20081021155918.pdf.
(88) USP6,025,154.
(89) Victoria Harden and Patricia D'Souza; "Chemokines and HIV Second Receptors A Short History of a Recent Breakthrough", Nature Medicine, 2 (12) 1293-1300, December1996.
(90) POZ & AIDSMEDS; "Selzentry Receives Full FDA Approval", November 26, 2008, http://www.poz.com/articles/hiv_selzentry_maraviroc_761_15697.shtml.
(91) 武田薬品工業プレスリリース　http://www.takeda.co.jp/press/99051201j.htm.
(92) 小野薬品プレスリリース　http://www.ono.co.jp/news_rel/news/n01_0912.htm.
(93) Euroscreen s.a.; "Euroscreen Files a CCR5 Patent Complaint Against Ono Pharmaceutical Co., Ltd", August 10, 2006,

http://www.prweb.com/releases/2006/08/prweb422382.htm.

(94) Euroscreen Drug Discovery; Product Pipeline, http://www.euroscreen.com/index.php/Product-Pipeline.html.

(95) 小野薬品工業株式会社「新規エイズ治療薬（CCR5 受容体拮抗剤：ONO-4128／873140）の第Ⅲ相臨床試験の患者エントリーを中止」２００５年10月25日、http://www.ono.co.jp/jpnw/news/pdf/2005/n05_1025.pdf.

(96) 大阪地方裁判所　平成18年（ワ）第7760号特許権侵害差止等請求事件、平成20年10月6日判決。

(97) U.S. District Court for the District of Delaware: Bayer AG v.Housey Pharmaceuticals, Inc., 169 F. Supp.2d 328, 328, 331 (D. Del 2001).

(98) 総合科学技術会議『ライフサイエンス分野におけるリサーチツール、特許の使用の円滑化に関する指針』平成19年3月1日。

(99) 日本特許 1,725,747号。

(100) 最高裁第2小法廷：平成10年（オ）第604号　特許権侵害予防請求事件（生理活性物質測定法事件）平成11年7月16日。

(101) 35 U.S.C. 203 March-in rights; (a) With respect to any subject invention in which a small business firm or nonprofit organization has acquired title under this chapter, the Federal agency under whose funding agreement the subject invention was made shall have the right, in accordance with such procedures as are provided in regulations promulgated hereunder, to require the contractor, an assignee, or exclusive licensee of a subject invention to grant a nonexclusive, partially exclusive, or exclusive license in any field of use to a responsible applicant or applicants, upon terms that are reasonable under the circumstances, and if the contractor, assignee, or exclusive licensee refuses such request, to grant such a license itself, if the Federal agency determines that such -

(1) action is necessary because the contractor or assignee has not taken, or is not expected to take within a reasonable time, effective steps to achieve practical application of the subject invention in such field of use;

(2) action is necessary to alleviate health or safety needs which are not reasonably satisfied by the contractor, assignee, or their licensees;

(3) action is necessary to meet requirements for public use specified by Federal regulations and such requirements are not reasonably satisfied by the contractor, assignee, or licensees; or

(4) action is necessary because the agreement required by section 204 has not been obtained or waived or because a licensee of the exclusive right to use or sell any subject invention in the United States is in breach of its agreement obtained pursuant to section 204.

(102) ANDREW POLLACK; "Patients Want Patent Broken on Genzyme Drug", New York Times, August 2, 2010, http://prescriptions.blogs.nytimes.com/2010/08/02/patients-want-patent-broken-on-genzyme-drug/?partner=rss&emc=rss.

(103) 米国特許 4,714,680（'680 特許）、米国特許 4,965,204（'204 特許）.

(104) NATIONAL INSTITUTES OF HEALTH, DETERMINATION In the Case of PETITION OF CELLPRO, INC August 1, 1997, http://www.nih.gov/news/pr/aug97/nihb-01.htm.

(105) Barbara M. McGarey and Annette C. Levey; "PATENTS, PRODUCTS, AND PUBLIC HEALTH: AN ANALYSIS OF THE CELLPRO MARCH-IN PETITION", http://www.law.berkeley.edu/journals/btlj/articles/vol14/McGarey/html/text.html.

(106) Gus Cairns; http://Gay.com UK, February 10, 2004.

(107) The State.com; "Abbott Raises AIDS Drug Price", December 19, 2003.

(108) http://www.essentialinventions.org/legal/norvir/rep2barton.pdf, April 30, 2004.

(109) http://www.norvir.com/pdf/Norvir_faq.pdf.

(110) http://www.natap.org/2004/HIV/060104_04b.htm.

(111) http://sippi.aaas.org/ipissues/updates/?res_id=262.

(112) http://www.essentialinventions.org/drug/ei03102004.html.（2004,09,23）

(113) National Institute of Health Office of the Director; "In the Case of Xalatan Manufactured by PFIZER, Inc.", September 17, 2004.

(114) http://www.essentialinventions.org/drug/essentialinventions09232004.html. (2004,09,23)

(115) Jerome H. Reichman; Testimony before NIH Public Hearing on March-In Rights under the Bayh-Dole act; May 25, 2004.

(116) http://lists.essential.org/pipermail/ip-health/2004-September/006971.html. (2004,09,24)

(117) Washington Legal Foundation; "NIH REJECTS ACTIVISTS, CHALLENGE TO PATENT EXCLUSIVITY" October 15, 2004, http://www.wlf.org/upload/101504DP.pdf.

(118) US Senator Charles E. Schumer; "SCHUMER: NEW CIPRO SOURCE COULD DRAMATICALLY INCREASE SUPPLY", October 16, 2001, http://www.senate.gov/˜schumer/state-101601_cipro.htm.

(119) World Trade Organization; "Implementation of paragraph 6 of the Doha Declaration on the TRIPS Agreement and public health", WT/L/540, September 2, 2003.

(120) http://www.iht.com/articles/ap/2007/01/29/asia/AS-MED-Thailand-Drug-Patents.php.

(121) http://ipc-media.com/magpdf/onlyyou22.pdf.

(122) European AIDS Treatment Group (EATG); "US pharmaceutical giant returns patent for Aids drug", January 21, 2004, http://www.eatg.org/modules.php?®op=modload&name=News&file=article&sid=115.

(123) Government Pharmaceutical Organization, http://www.intergpomed.com/.

(124) http://www.hatsumei.co.jp/esasia_news/new113.html.

(125) http://www.kaisernetwork.org/daily_reports/rep_index.cfm?DR_ID=43885.

(126) http://kaisernetwork.org/daily_reports/rep_index.cfm?DR_ID=42802.

(127) http://www.kaisernetwork.org/daily_reports/rep_index.cfm?DR_ID=44129.

(128) http://money.cnn.com/2007/03/14/news/international/bc.thailand.drugs.abbott.reut/.

(129) http://www.pharmaceutical-business-review.com/article_news.asp?guid=5B05753A-CEA2-45BA-9F07-70F9BB102DA7.

(130) http://lists.essential.org/pipermail/ip-health/2007-March/010771.html.

(131) http://lists.essential.org/pipermail/ip-health/2007-March/010797.html.

(132) Thailand Competition Act 1999, Section 25, states:

A business operator having market domination shall not act in any of the following manners:

1. unreasonably fixing or maintaining purchasing or selling prices of goods or fees for services;
2. unreasonably fixing compulsory conditions, directly or indirectly requiring other business operators who are his or her customers to restrict services, production, purchase or distribution of goods, or restrict opportunities in purchasing or selling goods, receiving or providing services or obtaining credits from other business operators;
3. suspending, reducing or restricting services, production, purchase, distribution, deliveries, or importation without justifiable reasons, or destroying or causing damage to goods in order to be lower than market demand;
4. intervening in operation of business of other persons without justifiable reasons.

(133) http://sg.biz.yahoo.com/070315/3/47arf.html.

(134) Permanent Secretary, Ministry of Public Health; Ministry of Public Health Announcement; „Regarding Exploitation of Patents on Drugs and Medical Supplies for Clopidogrel„, January 25 2007.

(135) http://home.att.ne.jp/yellow/tomotoda/iplawsthai.htm.

(136) http://www.phrma.org/news_room/press_releases/protecting_patent_rights_in_thailand/.

(137) http://www.kaisernetwork.org/Daily_reports/rep_index.cfm?DR_ID=42708.

(138) http://www.worldaidscampaign.info/index.php/en/campaigns/in_country_campaigns/asia/letter_to_dr_chan_support_thai_compulsory_licensing.

(139) http://blogs.cgdev.org/globalhealth/2007/01/congressional_s.php.

(140) Apiradee Treerutkuarkul; "HIV/Aids drugs license extended", Bangkok Post, August 3, 2010, http://www.bangkokpost.com/news/health/189154/hiv-aids-drugs-licence-extended.

(141) Donald W Light and Joel Lexchin; "Foreign free riders and the high price of US medicines"; Brit. Med. J. ; 331:958-960; October 22, 2005.

(142) www.jpo.go.jp/shiryou/s_sonota/fips/pdf/thailand/tokkyo.pdf.

(143) http://www.thebody.com/content/world/art27951.html.

(144) http://www.iht.com/articles/ap/2007/05/09/asia/AS-GEN-Thailand-US-AIDS-.

(145) http://www.ictsd.org/weekly/07-05-09/story4.htm.

(146) http://www.nytimes.com/2007/05/09/world/09aidsdrugs.html?ex=1336363200&en=833d79d8593e5105&ei=5088&partner=rssnyt&emc=rss.

(147) UNITAID; "The Medicines Patent Pool Initiative", http://www.unitaid.eu/en/The-Medicines-Patent-Pool-Initiative.html.

(148) UNITAID; "Resolution 1: Patent Pool Implementation Plan", Executive Board 11th Session Special Session on Patent Pool, February 5, 2010, http://www.unitaid.eu/images/EB11/EB11_SSPP_Resolution1_signed.pdf.

(149) NNA.EU 英国；『GSK、アフリカでエイズ薬の特許開放加速』、２００９年７月16日、http://nna.jp/free_eu/news/20090716gbp002A.html.

(150) http://www.ricetec.com/default.asp.

(151) http://www.biotech-info.net/basmati_rice.html.

(152) Research Foundation for Science, Technology and Ecology (New Delhi); "Basmati Rice Campaign Action", BIO-IPR, 02 November 2000, http://www.grain.org/bio-ipr/?id=45.

(153) SARITHA RAI; "India-U.S. Fight on Basmati Rice Is Mostly Settled", New York Times, August 25, 2001,http://query.nytimes.com/gst/fullpage.html?res=9E07E4D81031F936A1575BC0A9679C8B63&sec=&spon=&pagewanted=all.

(154) USP http://patft.uspto.gov/netacgi/nph-Parser?Sect1=PTO2&Sect2=HITOFF&p=1&u=% 2Fnetahtml% 2FPTO% 2Fsearch-bool.html&r=1&f=G&l=50&co1=AND&d=PTXT&s1=5663484&OS=5663484&RS=5663484 - h2#h25,663,484

Claim15: A rice grain, which has

i) a starch index of about 27 to about 35,

ii) a 2-acetyl-1-pyrroline content of about 150 ppb to about 2,000 ppb,

iii) a length of about 6.2 mm to about 8.0 mm, a width of about 1.6 mm to about 1.9 mm, and a length to width ratio of about 3.5 to about 4.5,

iv) a whole grain index of about 41 to about 63,

v) a lengthwise increase of about 75% to about 150% when cooked, and

vi) a chalk index of less than about 20.

Claim16: The rice grain of claim 15, which has a 2-acetyl-1-pyrroline content of about 350 ppb to about 600 ppb.

Claim17: The rice grain of claim 15, which has a burst index of about 4 to about 1.

(155) SIPCOT.NET; "Ricetec withdraws patent claims on Indian basmati rice", December 2000, http://www.sipcot.net/policies5_12d.htm.

(156) The Federal Court of Canada; "MONSANTO CANADA INC. and MONSANTO COMPANY and PERCY SCHMEISER and SCHMEISER ENTERPRISES LTD.", 2001 FCT 256, March 29, 2001.

(157) The Supreme Court of Canada, "Monsanto Canada Inc. v. Schmeiser", 2004 SCC 34, [2004] 1 S.C.R. 902, May 21, 2004, http://scc.lexum.umontreal.ca/en/2004/2004scc34/2004scc34.html.

(158) Doug Pibel; "A Farmer Rounds Up Monsanto", yes!, March 03, 2009, http://www.yesmagazine.org/issues/food-for-everyone/3360.

(159) CBC News Online; "Percy Schmeiser's battle", May 21, 2004.

(160) Kiki Hubbard; "Montana Should Put Farmers, Rights First", NewWest, May 12, 2009, http://www.newwest.net/topic/article/montana_should_put_farmer_rights_first/C37/L37/.

(161) 2009 Montana Legislature; HOUSE BILL NO. 445 INTRODUCED BY B. HANDS, http://data.opi.mt.gov/bills/2009/billhtml/HB0445.htm.

(162) Courtney Lowery; "Did a Monsanto-Hosted Dinner Kill the Montana Farmer Protection Bill?", March 25, 2009, http://www.newwest.net/topic/article/monsanto_hosts_dinner_for_montana_legislators_on_seed_sampling_bill/C37/L37/.

(163) Heller, M.A.; "The Tragedy of the Anticommons", *Harvard Law Review*, **111**:621-688, (1998).

(164) Garrett Hardin; "The Tragedy of the Commons", *Science*, **162**:1243-1248, (1968).

(165) 日本製薬工業協会・(財) バイオインダストリー協会　知的財産合同検討委員会「ライフサイエンス分野におけるリサーチツール特許の使用に関するアンケート」調査結果 (H16.1)、http://www.jpo.go.jp/shiryou/toushin/shingikai/strategy_wg06_paper.htm.

(166) 西　剛志　lawrence m sung『遺伝子・タンパク質特許の現状とイノベーションから見たその保護の在り方』、知的財産研究所報告書、２００４年。

(167) Lawrence M. Sung; "GREATER PREDICTABILITY MAY RESULT IN PATENT POOLS", Federal Trade Commission, February 8, 2002, http://www.ftc.gov/opp/intellect/020417lawrencemsung1.pdf.

(168) 特許庁技術調査課『バイオテクノロジー基幹技術に関する技術動向調査』平成13年5月31日。

(169) Ky P Ewing, Jr; "EC and DoJ approval of the 3G Patent Platform", 3G Patent Platform, http://www.3glicensing.com/articles/03% 20-% 203G% 20(p12-14)% 20f.pdf.

(170) Board on Science, Technology, and Economic Policy, Committee on Science , Technology, and Law, Policy and Global Affairs, National Research Council; "Reaping the benefits of genomic and proteomic research: Intellectual property rights, innovation, and public health", November 17, 2005.

(171) 森岡一『ライフサイエンス分野における産学連携と知的財産のありかた』平成18年度特許庁研究事業、大学における知的財産権研究プロジェクト研究成果報告書、テーマ：「上流発明の効果的な創造と移転の在り方に関する研究：産学官連携を中心に」平成19年

3月一橋大学長岡貞男 支援：（財）知的財産研究所。
(172) 児玉文雄「イノベーションに関する『死の谷』問題を巡る議論について」経済産業研究所セミナー、２００５年2月1日、http://www.rieti.go.jp/jp/events/bbl/05020101.html.
(173) Blumenthal D, Campbell EG, Anderson MS, Causino N, Louis KS.; "Withholding research results in academic life science. Evidence from a national survey of faculty", *JAMA* **277(15)**:1224-8, 1997.
(174) Eric G. Campbell, Brian R. Clarridge, Manjusha Gokhale, MA, Lauren Birenbaum, Stephen Hilgartner, Neil A. Holtzman, David Blumenthal; "Data Withholding in Academic Genetics, Evidence From a National Survey"; *Journal of the American Medical Association*, **287**:473-480, 2002.
(175) National Research Council; "A Patent System for the 21st Century", p82, 2004.
(176) 森岡一『ライフサイエンス分野における産学連携と知的財産のありかた』平成18年度特許庁研究事業、大学における知的財産権研究プロジェクト研究成果報告書、テーマ：「上流発明の効果的な創造と移転の在り方に関する研究：産学官連携を中心に」平成19年3月一橋大学長岡貞男 支援：（財）知的財産研究所。
(177) US4,237,224 (Process for producing biologically functional molecular chimeras), US4,468,464 (Biologically functional molecular chimeras), US4,740,470 (Biologically functional molecular chimeras).
(178) 生越由美〝MOTと大学の知財戦略〟、『パテント*2005*』.58 No.2 p2 http://www.jpaa.or.jp/publication/patent/patent-lib/200502/jpaapatent200502_002-014.pdf).
(179) http://innovation.nikkeibp.co.jp/mailbn/20060222-00.html.
(180) http://www005.upp.so-net.ne.jp/yoshida_n/L0_03.htm.
(181) ＣＯＸ−２（PGHS-2）特異的阻害剤の選択・同定方法、組換えＣＯＸ−２（PGHS-2）遺伝子を含む関連特許群：特表平 8-501690、EP667911-B、USP6048850、USP5807733、USP5837479.
(182) アステラス製薬株式会社、ファイザー株式会社「セレコキシブ品質に関する概括資料」http://www.pfizer.co.jp/pfizer/

development/clinical_development/new_medicine_info/documents/apply_document/appli_doc_h19_01_celecox_quality.pdf.

(183) United States Court of Appeals for the Federal Circuit; UNIVERSITY OF ROCHESTER vs. G.D. SEARLE & CO., INC., MONSANTO COMPANY, PHARMACIA CORPORATION, and PFIZER INC., No. 03-1304, February 13, 2004.

(184) 米国特許法第112条第1段落（A）記述要件、（B）実施可能要件、（C）最良実施態様（ベストモード）要件について記載されている。

(185) U.S. District Court for Western New York; University of Rochester v. G.D. Searle & Co. Inc., No. 00-CV-6161L W.D.N.Y. March 5, 2003.

(186) 隅藏康一、島田純子、城戸康年、須田紘行、宗加奈子、羽鳥智則、エミン・ユルマズ『ライフサイエンス研究者の直面している「知的財産問題」の調査』、研究・技術計画学会 第19回年次学術大会 要旨集掲載稿、２００４年10月。

(187) 日本製薬工業協会・(財) バイオインダストリー協会　知的財産合同検討委員会　ライフサイエンス分野におけるリサーチツール特許の使用に関するアンケート 調査結果（H16.1）、http://www.jpo.go.jp/shiryou/toushin/shingikai/strategy_wg06_paper.htm.

(188) 平成14年（ネ）第675号特許権侵害差止請求控訴事件（原審・東京地方裁判所平成11年（ワ）第15238号）。

(189) 経済産業省・特許庁「特許発明の円滑な使用に係る諸問題について」報告書―特許権の効力が及ばない「試験・研究」の考え方―、平成16年11月17日、http://www.meti.go.jp/press/0005822/.

(190) 総合科学技術会議『大学等における政府資金を原資とする研究開発から生じた知的財産権についての研究ライセンスに関する指針』、平成18年5月23日。

(191) 総合科学技術会議『ライフサイエンス分野におけるリサーチツール特許の使用の円滑化に関する指針』平成19年3月1日。

(192) 産業構造審議会 知的財産政策部会特許制度小委員会第7回特許戦略計画関連問題ワーキンググループ『特許発明の円滑な使用に係る諸問題（その2）について』平成16年3月4日、http://www.jpo.go.jp/shiryou/toushin/shingikai/strategy_wg07.htm.

(193) スイス連邦特許法（2007/6/22版）"Loi fédérale sur les brevets d, invention,(Loi sur les brevets, LBI), Modification du 22 juin 2007", http://www.admin.ch/ch/f/ff/2007/4363.pdf.

(194) ベルギー官報 N.154「バイオ技術の発明の特許性について、発明特許に関する１９８４年３月28日付けでの法律を改正する法律、p.22852」２００５年４月28日。
http://www.jetro.de/j/patent/2005June_Sep/INVT_BIOTECH.pdf.

(195) Directive 98/44/EC of 6 July 1998 of the European Parliament and of the Council on the legal protection of biotechnological inventions ([1998] OJEC L 213/13, http://europa.eu.int/eur-lex/pri/en/oj/dat/1998/l_213/l_21319980730en00130021.pdf.

(196) Linkleters; "Belgian Patent Law Amended";Intellectual Property News Issue 43, November 2005. Belgium Patent Article 28：The exclusive rights of a patent holder do not extend to acts carried out for scientific purposes on or with the subject matter of the invention for scientific purposes (handelingen die op en/of met het voorwerp van de geoctrooieerde uitvinding worden verricht voor wetenschappelijke doeleinden).

(197) http://www.bio-itworld.com/archive/111403/horizons_corr.html.

(198) Novartis Media release; October 24, 2004: http://www.nibr.novartis.com/Downloads/News/Broad_release.pdf#search='Novartis% 20MIT% 20Harvard% 20diabetes'.

(199) Creative Commons Japan「クリエイティブ・コモンズ・ライセンスとは」http://creativecommons.jp/licenses/.

(200) 大学共同利用機関法人情報・システム研究機構ライフサイエンス統合データベースセンター、http://dbcls.rois.ac.jp/.

(201) 仲里猛留、坊農秀雅「文部科学省『統合データベースプロジェクト』とPubMedを中心とした関連データベース」『情報の科学と技術』**60**(7)、(2010).

(202) Joseph Stiglitz; "Innovation: A better way than patents", New Scientist Print Edition 2569, 16 September 2006, http://www.newscientist.com/channel/opinion/mg19125695.700-innovation.

(203) Joseph E. Stiglitz, "Intellectual-Property Rights and Wrongs"、Daily Times ,17 Aug 2005、http://www.incommunicado.

info/node/194.

(204) Institute for Science, Ethics and Innovation (http://www.isei.manchester.ac.uk/about/).

(205) John Sulston; "International Patent Law Harmonisation, Development and Policy Space for Flexibility",Open Forum on the draft Substantive Patent Law Treaty (SPLT), The World Intellectual Property Organization (WIPO) , March 1 to 3, 2006, http://www.wipo.int/meetings/en/2006/scp_of_ge_06/scp_of_ge_06_inf1.html.

(206) Human Genome Project Information; "Summary of Principles Agreed at the First International Strategy Meeting on Human Genome Sequencing", Bermuda, 25-28 February 1996, http://www.ornl.gov/sci/techresources/Human_Genome/research/bermuda.shtml.

(207) Oxfam「『途上国へのエイズ薬輸入承認』は本当?-」２００３年９月１日。

(208) Mhbonin; "Canadian Government's press release on pharmaceutical law amendment", November 6 2003, http://lists.essential.org/pipermail/ip-health/2003-November/005569.html.

(209) 全米科学振興協会 American Association for the Advancement of Science（AAASと略）.

(210) Brewster, AL, AR Chapman and SA Hansen; Facilitating Humanitarian Access to Pharmaceutical and Agricultural Innovation, *Innovation Strategy Today* **1**(3):203-216 (2005) , www.biodevelopments.org/innovation/index.htm.

(211) Essential Inventions, Inc., http://www.essentialinventions.org/(2009/6).

(212) Essential Inventions, Inc.;、Statement of Essential Inventions to the Commission on Intellectual Property Rights, Innovation and Public Health, April 5, 2004, http://www.essentialinventions.org/policy/eii-cipih.pdf.

(213) Essential Patent Pool for AIDS; http://www.essentialinventions.org/docs/eppa/ (2009/6).

(214) Canberra's Centre for the Application of Molecular Biology to International Agriculture の略。

(215) CAMBIA, http://www.cambia.org/daisy/cambia/home.html (2009/6).

(216) CAMBIA; "Open sesame", *Nature Biotechnology*, **23** 633 (2005).

(217) Patent Lens, http://www.patentlens.net/daisy/patentlens/patentlens.html.

(218) Biological Innovation for Open Society (BIOS), http://www.bios.net/daisy/bios/home.html.

(219) Patent Lens; http://www.patentlens.net/.

(220) Jill Rowbotham; "Joint effort on patents", The Australian, September 24, 2008, http://www.theaustralian.news.com.au/story/0,,24392200-12332,00.html?from=public_rss.

(221) CambiaLabs; http://www.cambia.org/daisy/cambia/4272.

(222) Public Intellectual Property for Agriculture (PIPRA), http://www.pipra.org/en/resources.en.html.

(223) A collaborative, public IP management organization.

(224) Richard C. Atkinson et al.; "INTELLECTUAL PROPERTY RIGHTS: Public Sector Collaboration for Agricultural IP Management", *Science* **301** (5630), 174 – 175, July 11 2003.

(225) Istworld; "Towards European Collective Management of Public Intellectual Property for Agricultural Biotechnologies", October.1 2006, http://www.ist-world.org/ProjectDetails.aspx?ProjectId=c7e038282efd4ffdb7ef727614d5d4eb&SourceDatabaseId=7cff9226e582440894200b751bab883f.

(226) INRA; "EPIPAGRI Towards European Collective Management of Public Intellectual Property for Agricultural Biotechnologies", http://www.international.inra.fr/layout/set/print/partnerships/with_the_private_sector/live_from_the_labs/epipagri.

(227) The African Agricultural Technology Foundation , http://www.aftechfound.org/.

(228) Deborah P. Delmer, Carol Nottenburg, Greg D. Graff and Alan B. Bennett; "Intellectual Property Resources for International Development in Agriculture", Plant Physiology 133: 1666-1670 December 2003, http://www.plantphysiol.org/cgi/content/full/133/4/1666#REF1.

【著者】

森岡　一（もりおか　はじむ）

京都大学農学博士

1949年6月2日生まれ。

1975年 3月　京都大学農学部農学専攻修士課程終了

1975年 4月　味の素株式会社中央研究所入所　微生物研究従事

1984年10月　米国国立衛生研究所　基礎医学研究従事

1987年 3月　味の素株式会社中央研究所復職　医薬研究従事

1989年 1月　アメリカ味の素株式会社　医薬品開発従事

1995年 7月　味の素株式会社中央研究所研究企画部　研究開発管理従事

1999年 4月　味の素ファルマシューティカルUSA社　医薬品臨床開発従事

2001年 7月　味の素株式会社知的財産センター　知的財産管理従事

2007年 4月　味の素株式会社経営企画部
兼株式会社アイ・ピー・イー経営企画および知的財産管理従事

2008年 7月　社団法人バイオ産業情報化コンソーシアム　研究開発本部　研究開発管理従事

現在に至る

［著書］

『生物遺伝資源のゆくえ―知的財産制度からみた生物多様性条約―』（三和書籍）

バイオサイエンスの光と影

――生命を囲い込む組織行動――

2011年　5月　10日　　第1版第1刷発行

著者　森岡　一

発行者　高　橋　考

発行所　三　和　書　籍

〒112-0013　東京都文京区音羽2-2-2
TEL 03-5395-4630　FAX 03-5395-4632
sanwa@sanwa-co.com
http://www.sanwa-co.com

印刷所／製本　モリモト印刷株式会社

ISBN978-4-86251-101-0 C3060

三和書籍の好評図書

Sanwa co.,Ltd.

耐震規定と構造動力学

—建築構造を知るための基礎知識—

北海道大学名誉教授　石山祐二著

A5 判　343 頁　上製　定価 3,800 円＋税

- 建築構造に興味を持っている方々、建築構造に関わる技術者や学生の皆さんに理解して欲しい事項をまとめています。
- 耐震規定を学ぶための基本書です。

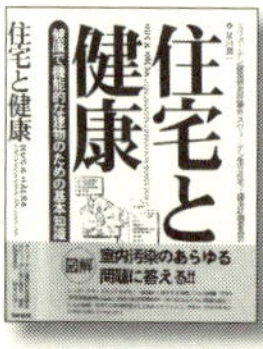

住宅と健康

＜健康で機能的な建物のための基本知識＞

スウェーデン建築評議会編　早川潤一訳

A5 変判　280 頁　上製　定価 2,800 円＋税

- 室内のあらゆる問題を図解で解説するスウェーデンの先駆的実践書。シックハウスに対する環境先進国での知識・経験をわかりやすく紹介。

バリアフリー住宅読本［新版］

＜高齢者の自立を支援する住環境デザイン＞

高齢者住環境研究所・バリアフリーデザイン研究会著

A5 判　235 頁　並製　定価 2,500 円＋税

- 家をバリアフリー住宅に改修するための具体的方法、考え方を部位ごとにイラストで解説。バリアフリーの基本から工事まで、バリアフリーの初心者からプロまで使えます。福祉住環境を考える際の必携本 !!

バリアフリーマンション読本

＜高齢者の自立を支援する住環境デザイン＞

高齢社会の住まいをつくる会　編

A5 判　136 頁　並製　定価 2,000 円＋税

- 一人では解決できないマンションの共用部分の改修問題や、意外と知らない専有部分の範囲などを詳しく解説。改正ハートビル法にもとづいた建築物の基準解説から共用･専有部分の具体的な改修法、福祉用具の紹介など、情報が盛り沢山です。

住宅改修アセスメントのすべて

—介護保険「理由書」の書き方・使い方マニュアル—

加島守　著

B5 判　109 頁　並製　定価 2,400 円＋税

- 「理由書」の書き方から、「理由書」を使用した住宅改修アセスメントの方法まで、住宅改修に必要な事項を詳細に解説。
- 豊富な改修事例写真、「理由書」フォーマット記入例など、すぐに役立つ情報が満載。